山东大学"985 工程"二期哲学社会科学创新基地

犹太教与跨宗教研究中心资助

The Mind of God
The Scientific Basis for a
Rational World
Paul Davies

神的心灵

——理性世界的科学基础

保罗·戴维斯　著

王祖哲　译

山东人民出版社

English – Chinese Translation Series on Science and Belief

《科学与信仰译丛》总序

　　科学与宗教(信仰)是影响人们现实生活的两大因素。它们之间究竟是什么关系？科学的种子何以在基督教一统天下的时代和国度萌发？如何看待宗教在人类迈入科学的现代世界后的地位？

　　曾几何时,科学与宗教、理性与信仰被视为对立的两极,此消彼长,水火不容。在 20 世纪中叶之前,这种"对立论"占据着不容置疑的主导地位。"对立论"的倡导者代不乏人,其中,19 世纪的约翰·威廉·德雷珀(John William Draper)和安德鲁·迪克森·怀特(Andrew Dickson White)因其影响广泛的著作而成为代表性人物。在过去的半个多世纪,西方众多科学家、哲学家、神学家和宗教学家,对宗教与科学的问题给予了空前的关注,大小不等、形式不一的研讨会、对话会接连不断,著作、论文层出不穷。"对话论"、"交流互补论"、"整合论"等学说纷纷出台亮相,昔日占据主导地位的"对立论"已经"退避三舍"。诸如此类的学说,伴之以颇具说服力的论证、说明和阐释,在今日西方已经形成较为成熟的理论体系,其学术价值、理论意义和现实意义,可谓大矣。对此,21 世纪初的中国思想文化界乃至科学界,岂可视而不见？

　　和西方相比,我国学术界对科学与宗教的研究才起步不久,虽有译作,却不成系统;偶有论著,却乏于创新。可以说,要走的路还很长。那么,眼下的路当如何走？思之,时下所应做的还是"学人之长,补己之短",以移译西方佳作为要务。为此,我们组织翻译、出版了这套《科学与信仰译丛》,力求把西方最优秀的相关作品介绍给国内的广大读者,为推动和改进我国的科学与宗教(信仰)研究尽绵薄之力。

　　为保证译作的质量,我们特意聘请了美国卡罗拉多州立大学的霍姆斯·罗尔斯顿(Holmes Rolston III)教授、佛罗里达州立大学的迈克尔·鲁斯(Michael Ruse)教授、乔治敦大学的约翰·霍特(John Haught)教授、加州富勒神学院的南希·墨菲(Nancey Murphy)教授以及瑞典乌普撒拉大学的米凯尔·斯滕马克

(Mikael Stenmark)教授作为编委会成员。正是在他们的建议下，我们从 20 世纪后期出版的数十种优秀作品中选定了 12 部作为本译丛的书目。

本译丛所选书目侧重于以下内容：(1)科学与宗教的方法论研究；(2)科学理论与宗教、神学之间的内在联结；(3)从科学史切入研究科学与宗教的关系；(4)科学家个案研究，即科学家个体理论研究与其宗教信仰之间的关系。

本译丛的出版得到了山东人民出版社的大力支持，国家"985 二期"创新基地山东大学犹太教与跨宗教研究中心提供了部分出版资助，在此一并表示诚挚的谢意！

傅有德　王善博

2008 年 12 月 3 日于山东大学洪家楼校园

前　言

我小时候，常常不停地问"为什么"，把父母问得恼恨不堪。为什么我不能出去玩儿？因为可能下雨。为什么可能下雨？因为天气预报员这么说的。为什么他这么说？因为暴风雨正从法国那边来。为什么暴风雨，等等。这些不屈不挠的追问，通常以一句气急败坏的话来了结："因为上帝把事情搞成那样，就那样了。"我在童年时发现(是出于无聊，而非哲学的敏锐)，关于一个事实或者情况的解释本身，还需要别的一个解释，这一串解释可能没完没了。这个发现从此就折磨着我。这串解释真的可能安顿在某个所在吗？是安顿在上帝那里，还是安顿在某个超级自然规律那里？如果是这样，这个至高的解释本身怎么就逃脱得了本身也需要被解释这层必要呢？一言以蔽之，"那样"就是"那样"吗？

我上了大学，着迷于科学的能耐；我们的那些关于世界的问题，科学为之提供动人心魄的答案。科学对事情的解释力，令人瞠目结舌；只要有经费，我觉得我们容易相信：宇宙的全部秘密，或许都能大白于天下。然而，为什么、为什么、为什么……式的忧虑又回来了。什么东西垫在这个壮丽的解释方案的底层？什么支撑着所有上面的东西？存在一个终极的层面吗？如果存在，这个终极层面来自何处？你能满足于"就那样了"这么一种解释吗？

后来的若干年，我开始做研究；题目是宇宙的起源、时间的本质，以及物理学定律的统一之类。我发现自己闯进了一片领地；在若干世纪里，那几乎是宗教独占的领域。在这里，科学或者是为那些作为晦暗的神秘说法而被搁置起来的事情提供答案，或者是发现那些神秘说法从中吸取力量的那些概念本身，其实是意思晦涩，甚至是错误的。我的书《上帝与新物理学》是第一次努力，与那些彼此矛盾的思想体系扭打起来。《神的心灵》是一次更费考虑的尝试。

第一本书出版以来，大量新观念涌现在基础物理学的前沿：超弦理论以及关于所谓"万有理论"的其他研究思路、量子宇宙学，这都是解释宇宙可能怎么样从空无中出现一事的手段;斯蒂芬·霍金关于"虚构时间"和宇宙初始条件的研究、混沌理论、自组织系统这个概念,以及计算复杂度理论也问世了。除此之外,对粗略地叫做"科学—宗教界面"的那种东西的兴趣,广泛复苏。这种兴趣采取了两种判然有别的形式:第一种形式,关于创造这个概念以及相关的问题,科学家、哲学家和神学家之间的对话大大增加了。第二种形式,神秘的思想方式和东方哲学越来越时髦;有些评论家说,这种时髦对基础物理学的触及,深刻而富有意义。

　一开始,我应该亮明我自己的立场。身为一个职业科学家,我倾心于关于研究世界的科学方法。我相信,对于帮助我们理解我们身在其中的这个复杂的宇宙,科学是一种力量强大的举措。历史已经表明,科学的成功事例不胜枚举,难得有一个星期白白流逝而不曾有新的进展。不管怎么说,科学方法的引人之处,超越了科学的伟力与范围。还有科学不折不扣的诚实。每一个新发现,每一个新理论,在被接受之前,都必须经过科学共同体严格的认可考验。当然,在实际工作中,科学家们并不总是遵循课本上的路数。有时候,数据乱七八糟、意思含混。有时候,有影响力的科学家维持早就不被信任的可疑理论。偶尔地,科学家弄虚作假。但是,这都是些失常之事。一般而言,科学引导我们走向可靠的知识。

　我一直总是希望相信,科学能够解释一切事情,起码在原则上是这样。许多非科学家毅然决然地否定这种断言。大多数宗教要求起码相信某些超自然的事件,而超自然的事件定然与科学不相谋和。我个人宁肯不信超自然的事件。尽管我明显地不能证明那些事件不会发生,我却看不出有什么理由假定那些事件真能发生。我趋向于假定自然规律总是得到了遵守。但是,即便你剔除了超自然事件,科学能不能在原则上解释物理宇宙的万事万物,却仍然并不清楚。解释链的最后一环,这个老大难问题一如既往。不论我们的科学解释多么成功,那些科学解释总是内置着一些作为出发点的假设。比方说,以物理学的说法对某个现象的科学解释,预先假定物理学定律是有效的,物理学定律被看作自明之理。但是,你可以问一下:先说这些规律是从哪里来的吧? 你甚至可以问逻辑的起源,全部的科学推理的基础就是逻辑。或早或晚,大家都不得不承认某事是自明的,无论那是神,还是逻辑,还是一套规律,还是某种其他的存在基础。因此,那些"终极"问题总是坐落在通常定义的经验科学的范围之外。那么,这意味着关于存在的那些确实深刻的问题是不可回答的吗? 在浏览了一番我写的那些章节的标题的时候,我注意到其中的许多标题是一些问题。起先,我还以为这是文风不正,但我现在明白了:那反映我本能一般的信念，就是说，要"打破沙锅问到底"，对可怜的老智人而言，多半是不可能的。"宇宙尽头的秘密"多半总是有的吧。但是，追索理性探究的路子，追到它的极限，似乎也值得。关于推论的链条不可完备一说的证据，也是值得知道的。如我们会看到的那样，类似的某种东西，已经在数学中得到了证明。

许多从事研究的科学家也相信宗教。在《上帝与新物理学》出版之后，我惊讶地发现，跟我联系密切的科学同事遵奉某种传统宗教的，为数有那么多。在有些人那里，他们对付着把他们生活的这两个方面分开，好像科学一个星期统治六天，宗教统治星期天。然而，有几位科学家做出了费劲而诚实的努力，要使他们的科学和宗教和谐相处。通常说来，这必定一方面导致对教条采取一种非常自由主义的看法。另一方面使由物理现象构成的世界弥漫着一种意义；他们的许多同伴科学家觉得那种意义乏味。

在那些在传统意义上不信教的科学家们中间，许多人坦白了一种含糊不清的感觉，说在日常经验的表面现实之外，存在"某种东西"，存在背后的某种意义。连倔强的无神论者对自然也常有某种所谓敬畏感，对自然的深度、美和微妙的一种迷恋和敬意，这与宗教的敬畏相似。确实，在这些事情上，科学家们是很动感情的。普遍存在的那种想当然，说科学家是些冷漠无情、顽固不化、没有灵魂的家伙，没有比此对科学家的误解更大的了。

我属于那群对传统宗教不买账的科学家，但我却否认宇宙是一个没有目的的事故。在我经年累岁的科学研究工作中，我到头来越来越强烈地相信，物理的宇宙是与某种匠心同在的，此事如此令人惊讶，我就不可能承认宇宙仅仅是一桩毛糙的事实。在我看来，似乎必定存在一种更深刻的解释层面。你是否乐意把那个更深刻的层面叫做"神"，是一件口味上和定义上的事儿。另外，我还得到了这么一个观点：心灵（就是说，对世界的有意识的知觉）不是自然的一件没有意义的、可有可无的凑巧之事，而绝对是现实的一个具有根本意义的侧面。这不是说宇宙存在的目的是为我们服务，远远不是这样；然而，我确实相信，以一种非常基础的方式，我们人类内置于事物的布局之中。

在下面的书页之间，我将试图为这些信念表达理由。我也将考察其他科学家和神学家的某些理论和信念，他们并非全都与我同调。讨论的很大部分涉及科学前沿的一些新进展，其中的一些导致的有趣而令人兴奋的想法，与神、创造以及现实的本质相关。然而，这本书无意于穷尽"科学—宗教界面"的研究，而是更着意于我个人的求索。这本书针对普通读者，因此我努力尽量少地涉及专业的东西。读者也不必先得有数学和物理的知识。有些片段，特别是第七章，涉及盘旋曲折的哲学论证，但读者能够迅速走过这些片段，而不会有严重的问题。

很多人帮助我做这种探索，——向他们表示谢意是不可能的。在位于泰恩和阿德莱德的纽卡斯尔大学，我从在咖啡桌上与我身边的那些同事的谈话中，得益颇多。约翰·巴雷特(John Barrett)、约翰·巴罗(John Barrow)、伯纳德·卡尔(Bernard Carr)、菲利普·戴维斯(Philip Davies)、乔治·埃利斯(George Ellis)、戴维·胡顿(David Hooton)、克里斯·艾沙姆(Chris Isham)、约翰·莱斯利(John Leslie)、沃尔特·迈尔斯坦(Walter Mayerstein)、邓肯·斯蒂尔(Duncan Steel)、亚瑟·匹卡克(Arthur Peacocke)、罗杰·彭罗斯(Roger Penrose)、马丁·瑞斯(Martin Rees)、罗素·斯坦纳(Russell Stannard)以及比尔·斯多格(Bill Stoeger)，和这些人的交谈，我也得到了一些引人入胜的洞见。通过听其他人的课，我也深受启发。除此之外，格雷厄姆·纳里希(Graham Nerlich)和基思·沃德(Keith Ward)对本书手稿的一些部分好心地提供了非常细致而有价值的评论。

最后，我愿意就术语的用法说几句。我在讨论神的时候，要避免某种人称代词，常常是不可能的。我遵从"他"这个代词的习惯用法。这不应该被理解为暗示我相信男性的神，更不应该被理解为暗示我相信任何简单意义上的人格神。与此相似，在最后一个部分中，man 这个词指的是智人，而不单指男人。在讨论很大或很小的数的时候，我使用标准记数法。因此，比方说 10^{20} 意思是"1 后面跟着 20 个 0"，而 10^{-20} 表示 $1/10^{20}$。

目 录

第一章　理性与信念

人类有各种信念。人类达成信念的方式也不同,从理由充分的论证,到盲目的信仰。有些信念基于个人的经历,另一些靠的是教育,还有一些起于教化。许多信念无疑是天生的:我们生来就带着那些信念,那是一些进化因素的结果。有些信念,我们觉得能够证明其有道理;另一些,我们由于"直觉"而信从。 【19】

显然,我们的许多信念是错误的,或许是因为它们不合逻辑,或者是因为它们和其他信念矛盾,或者和事实矛盾。两千五百年前,在古希腊,人们首次为信念全面地尝试设立某种普遍的根据。依靠提供牢不可破的逻辑推演规则,希腊哲学家寻求规范人类推理活动的手段。依靠遵守大家都同意的理性论证的程序,这些哲学家希望剔除人类事务特有的大量糊涂、误解和争端。这一方案的终极目标,是要达成一套假设或者公理,讲道理的男男女女都会接受,解决全部矛盾的办法将从中源源而出。

我们必得说,这一目标,即便可能,也从未达到。现代世界遭受多样信念的折磨,甚于以往;其中的许多信念,怪诞甚至危险;大批普通人把理性论证视为无用的诡辩。只有在科学中,特别在数学中,希腊哲学家的理想还坚持着(当然,在哲学本身中也是如此)。说到事关存在的那些真正深刻的问题,诸如宇宙的起源和意义、人类在世界中的位置,以及自然的结构与组织,就有一种强烈的诱惑,要撤退到不讲理的信念中去。连科学家对此也没有免疫力。然而,以理性而冷静的分析,试图正视这些问题,却有一个漫长而可敬的历史。只是合乎逻辑的论证能使我们走多远呢? 依靠科学和理性的探究,我们果真能指望回答关于存在的那些终极问题吗? 在某个阶段,我们将总是遭遇不可理解的神秘吗? 人类理性到底是什么呢? 【20】

科学奇迹

纵贯古今,全部文化都赞美物理世界的美丽、庄严和匠心。然而,仅仅是现代科学文化,才发起了系统性的尝试,来研究宇宙的本质以及我们在其中的位置。在破解自然的秘密一事中,科学方法的成功令人眼花缭乱,这能使我们对那个最大的科学奇迹视而不见:科学是管用的。科学家们自己一般把如下事情视为当然:我们生活在一个理性而有序的宇宙之中,这个宇宙遵守一些精确的规律,而人类的推理活动能够揭示那些规律。然而,为什么事情是这样,却一直是一桩令人焦躁不安的神秘之事。能够发现并理解宇宙赖以运作的那些原则,为什么人类竟然应该有这个本事呢?

近些年,越来越多的科学家和哲学家,已经开始研究这个大谜。使用科学和数学来解释世界,我们很成功;这种成功仅仅是瞎猫撞到了死耗子,还是从这个宇宙秩序中冒出来的那些生物在其认知能力之中必不可免地应该反映那种秩序呢? 我们科学的那种壮观的进步,仅仅是历史上的巧事一桩,还是这种进步指向了在人心与自然世界的潜在组织状态之间的那种意味深长的共鸣呢?

【21】　400年前,科学与宗教起了冲突,因为科学看来要威胁人类在宇宙中的安乐窝:这个宇宙是神设计的,是为某种目的而建造的。由哥白尼发起,由达尔文完成,这场革命有一种效果:让人类靠边站,甚至使人类渺小。在这个浩瀚的布局当中,人不再处于中心位置,不再担任主角,而是被派了一个可有可无、看上去也没有意思的角色,参与一场漠然无趣的宇宙大戏,就像一个在剧本中不曾提到的临时演员,误打误撞地闯进了一处浩大的电影场景中。这种存在主义的精神特质(除了人类本身给抛进了宇宙一事之外,不存在什么超过人类生活之外的意义),已经变成了科学的主调。正是出于这层理由,普通人认为科学有威胁性,有贬损性:科学把他们从他们身处其中的宇宙中异化出来了。

在本章的余下篇幅中,我将介绍一种全然不同的科学观。远远不曾把人类暴露成盲目的物质力量的偶然产品,科学却暗示:有意识的生物的存在,是宇宙的一个**根本性**的特色。我相信,以一种深刻而意味深长的方式,我们已经被写进了自然规律之中。我也不把科学看做一种具有异化作用的活动。远远不是这样。科学是一场高贵而意蕴丰富的探索;以不带偏见、有章有法的姿态,科学帮助我们创造出关于这个世界的意义。科学不否认存在背后的意义。恰恰相反,如我刚才强调的那样,科学管用这一事实,科学太管用了,表明了宇宙组织状态的某种深刻意义。理解现实的本质,理解人类在宇宙中的位置,任何这类尝试,必须从一个健全的科学基础开始。当然,获得我们青睐的思想方案,科学并非只此一家。在我们所谓的科学时代,宗教繁荣昌盛。但是,正如爱因斯坦所言,离开科学的宗教是瘸的。

科学探索是深入未知之境的旅行。每一进展都带来出人意料的新发现,以不同凡响、有时也很难理解的概念,来挑战我们的思想。但是,在这一行程当中,一切都遵循理性和秩序这条大家都熟悉的线索。我们会看到,这种宇宙秩序得到了确定不移的数学规律的支持,而数学规律彼此交织成了一个微妙而和谐的统一体。那些规律拥有一种优雅的简洁,经常单单以它们的美,就迫使科学家们相信它们是对的。然而,同样是这些简洁的规律,也允许物质和能量自由组织成由许多复杂状态构成的庞大多样性,其中包括有意识品质的存在,这些有意识品质的存在,反过来又反思那些把它们产生出来的宇宙秩序本身。

在这种反思方式的那些更雄心勃勃的目标当中,有这么一个可能性:我们或许能够构想出"万有理论"——即对世界的一种完整的描述,方式是一个由逻辑真理构成的封闭系统。这么一种万有理论的求索,成了物理学家们的某种类似于圣杯的东西。这个想头毫无疑问是诱人的。毕竟,如果宇宙是理性秩序的展现,那么我们或许就能够单从"纯粹思辨"中推演出世界的本质,而不需要观察或者实验。大多数科学家当然完全摒弃这种哲学,他们把达成知识的经验路线欢呼为唯一值得信赖的道路。但是,如我们将要看到的那样,对理性和逻辑的要求,肯定无疑地至少在我们可能认识的那种世界上强加了某些限制。另一方面,同一种逻辑结构自身就包含着它自己的悖论性质的局限,这种局限保证使我们永远也不可能单从推理当中把握存在的全体。【22】

历史已经抛出了许多物质性的形象化说法,来比喻世界的潜在理性秩序:宇宙是完美的几何形式的展现,是一个活的生物,是一个庞大钟表的机械装置,以及最近的说法,是一个巨大计算机。所有这些比喻,都捕捉到了现实的某个关键方面,尽管每一个比喻本身是不完整的。我们将考察对这些比喻的最近的思考,也考察描述这些比喻的那种数学的本质。这将引导我们面对这么一些问题:什么是数学? 描述自然规律的时候,数学为什么那么管用? 无论怎么说,那些规律来自何处? 在很多情况下,概念易于描述;有时概念相当专业化,也相当抽象。我邀请读者参与这次科学远足,进入未知领域,探索现实的终极基础。尽管此番旅程时不时地崎岖,而且目的地也一如既往地蒙在神秘之中,我却希望这次旅行本身到头来会是令人爽快的。

人类理性与常识

常有人说，最能把人类从其他动物中甄别出来的那个因素，是我们的理性能力。许多其他动物似乎程度不一地知道这个物质世界，也对它做出反应；但是，与仅仅是知道一事相比，人类的抱负更多。我们也拥有某种关于世界的理解，关于我们在世界中的位置的理解。我们有本事预知事件，我们有本事操纵自然过程，以迎合我们的需要；尽管我们是自然世界的一部分，我们却以某种方式把我们自己与物质宇宙的其余部分分开。

【23】 在原始文化中，对世界的理解仅限于日常事务，如四季的更替，或者弹丸、箭矢的运动；这种理解只为实用，没有理论基础；以巫术来表达的，另当别论。今天，在科学时代，我们的理解大大扩展了，因此我们需要把知识划分为判然有别的学科——天文学、物理学、化学、地质学、心理学，等等。这种戏剧性进展的出现，几乎完全是"科学方法"的一个结果：实验、观察、推理、假说、证伪。在这里，我们不必在意细节。重要的是，科学要求严格的程序标准和讨论标准；这种标准把理性看得高于不合理的信念。

人类的推理活动这个概念本身就蹊跷。我们很听从"有道理的"论证的劝说，那些诉诸"常识"的论证最使我们觉得愉快。然而，人类思维的那些过程，却不是神授的。它们在人类的大脑结构中有其起源，也有其进化出来所要执行的任务。大脑的运作，反过来依赖物理学规律，依赖于我们身居其中的这个物质世界的本质。我们所谓常识的那种东西，是深深嵌在人类心智之中的思想模式的产物，这想必是因为这种思想模式在处理日常情况的时候有某些长处，如躲避落下的物件，躲避狼虫虎豹。人类思想的某些方面，是被我们大脑的线路固定了的，另一些是从我们远古的祖先那里遗传来的所谓"遗传软件"。

哲学家伊曼纽尔·康德论证说：并非我们全部的思想范畴都来自对于世界的感觉经验。他相信，有些概念是先验的，他这样说的意思是：在严格的逻辑意义上，尽管这些概念并非**必然真理**；但是，如果没有它们，全部的思想将是不可能的：它们是"思想所必需的"。康德举的一个例子，是通过欧几里得几何学规则，我们对三维空间的直觉理解。他设想我们生来就有这种知识。不幸的是，科学家如今却发现，欧几里得几何学其实是错了！如今，科学家和哲学家一般设想：连人类思想的那些最基本的方面，终究也必定回过头来依赖于对物质世界的观察。那些深深地刻在我们心智中的概念，那些我们很难想象竟然能够是另一番样子的东西（如"常识"和人类理性），在我们大脑的一个非常深的层面上，是在遗传学上被编了程序的。

在非常不同的环境中进化出来的外星人，是否会共有我们的那些常识性 【24】
质的概念，或者是否确实共有我们的思想模式中的一部分，如此猜想是有趣
的。如一些科幻小说家玩味过的那样，如果一颗中子星表面上有生命，你不禁
会开始猜测，那些生命存在将如何感知和思考世界。某种外星人关于理性的
概念大大不同于我们的，这种外星人将完全不会折服于我们认为是理性的论
证的那种东西，这是可能的。

这意味着人类的推理活动是可疑的吗？我们把**智人**的思想模式运用于事
关存在的那些大问题上能够成功，如此设想，我们是不是自命不凡或者夜郎自
大到了过火的地步呢？不见得。我们的心智过程如此进化，恰恰是因为我们
的心智过程反映我们身居其中的这个物质世界的本质的某种东西。令人惊讶
的事情，是关于我们的感知活动不可能直接触及的那些世界的部分，人类的推
理活动竟然如此成功地构造了一种理解。人类的心灵能够推论出落体定律，
或许并不令人惊讶，因为大脑进化得能够设计出一些策略，来把那些定律挖掘
出来。但是，我们有什么正当理由期望把这种推理活动扩展到（比方说）核物
理或者天体物理这种研究上来而能管用？这种扩展管用，而且管用到"不合情
理"的地步，这个事实才是这个宇宙的那些大秘密中的一桩。在这本书中，我
将调查那些大秘密。

但是，现在另一个问题不请自来。如果人类的理性活动反映物质世界的
结构的某种东西，那么说世界是理性的一种展现，对吗？我们用"理性的"这个
词，意思是"与道理相符合"，因此我的问题是：在哪种程度上，世界是理性的？
科学建立在这么一个希望之上：即世界在其全部可观察的方面，都是理性的。
现实或许有某些侧面，坐落在人类推理活动的势力范围之外，这是可能的。这
不意味着，在绝对的意义上，这些侧面必然是无理性的。中子星上的（超型计
算机中的）居民或许理解我们凭借我们的大脑的那种本性所不能理解的事情。
因此，我们必须意识到这么一个可能性：即可能存在某种事情，对它们的解释，
不可能被我们所掌握；也可能存在另一些事情，根本就无关乎解释。

在这本书中，我将采取乐观主义观点：人类的推理活动一般是可靠的。人 【25】
们持有一些信念，特别是在宗教领域中，这些信念或许被看做是无理性的，此
乃生活里的一个事实。那些信念以无理性的方式被人所持有，此事不意味着
它们是错误的。或许有一条通往知识的道路（如取道神秘主义或者启示），绕
过或者超越了人类的道理？身为一个科学家，我宁愿努力让人类的推理活动
能走多远就走多远。在探索道理与理性的前沿的时候，我们肯定会遇到神秘
性和不确定性，而且在某个阶段上，就全部的可能性而言，推理活动将辜负我

们,也必定被无理性的信念或者坦率的不可知论所代替。

如果世界是理性的,起码在大尺度上是理性的,那么什么是理性的源头?理性不可能单单是在我们自己的心灵里冒出来的,因为我们的心灵仅仅反映已经存在的东西。我们应该从一位理性的"设计师"(神)那里寻求解释吗?或者,理性可能凭借它自己的"合理性"这种纯粹的力量"自我创造"吗?从另一种可能性来说,在某种"大尺度"上,这个世界是无理性的,但我们却发现自己住在看起来是理性的一个绿洲里,因为那是有意识、会推理的存在物能够发现他们自己身在其中的唯一"地方",这说法可能吗?为了进一步探索这些问题,让我们对不同类型的推理活动更仔细地浏览一番。

关于思想的思想

两种推理活动伺候我们伺候得很好,把它们划分得泾渭分明是重要的。第一种名曰"演绎推理"。它基于严格的逻辑规则。按照标准的逻辑,某些陈述,如"狗是狗"、"任何东西是或者不是狗"被承认是对的;而另外一些陈述,像"狗不是狗",被认为是错的。演绎论证从一套名为"前提"的假定开始。前提是一些陈述或者条件,出于论证的目的,大家相信它们是成立的而不对它们进一步质疑。显然,那些前提不应该是互相矛盾的。

人们广泛相信,一个逻辑性的演绎论证的结论,所包含的东西不多于呈现在本来那几个前提中的东西,因此这么一种论证,永远也不能用来证明任何真正新的东西。考虑一个演绎序列(所谓"三段论"),例如:

1. 全部的单身汉都是男人。
2. 亚历克斯是一个单身汉。
3. 因此,亚历克斯是一个男人。

【26】   陈述 3 告诉我们的东西,不多于陈述 1 和 2 组合起来所呈现的东西。因此,按照这种观点,演绎推理其实仅仅是一种处理事实或者概念的方式,目的是为了把那些事实或者概念呈现在一种更有趣或者更有用的形式中。

在演绎逻辑被运用于一套复杂的概念的时候,结论可能常常令人惊讶或者出人意料,即便那些结论仅仅是从本来的那些前提中推出来的。一个好例子,是几何学这个学科提供的,它建立在一些假设上,此所谓"公理";在公理之上,矗立着几何学理论的构造精妙的大厦。公元前三世纪,希腊几何学家欧几里得列举了五个公理,传统学派的几何学以之为基础,包括这么一些东西:"通过两个点,只有一条直线。"根据这些公理,演绎逻辑能够被用来得到几何学的全部定理,就是我们在学校里学到的那些。其中的一个定理,是毕达哥拉斯定理;与作为它的来处的欧几里得的那些公理相比,尽管它没有更多的信息内容,在直觉上它却肯定不是一目了然的。

清楚的是,演绎论证仅仅和作为它的基础的那些前提一样好。比方说,在十九世纪,有些数学家决定追随抛弃欧几里得第五公理(宣称"通过每一个点,画出另一条线的平行线"是可能的)的那些推论。由此产生的"非欧几里得几何学",在科学中结果大有用处。实际上,爱因斯坦在他的广义相对论(关于引力作用的一个理论)中利用了非欧几何;而且,如已经提到的,我们现在知道,在真实世界里,欧几里得几何学其实是错误的:粗略地说,空间被引力弄弯曲了。欧几里得几何学仍然在学校里教着,这是因为它在大多数情况中,一如既往地是一种非常好的近似。然而,这个故事的教训是:认为任何公理那么自明的正确,不可能是另外的样子,是不明智的。

人们一般同意,逻辑演绎论证构成了推理活动的最可靠的形式,尽管我应该提一下:连对标准逻辑的运用,也受到了一些人的质疑。在所谓量子逻辑中,某事物不可能既是又不是如此这般,这条规则垮台了。此说的缘由,是在量子物理学中,"是"这个说法要比日常经验更微妙:实体系统能够与一些可选状态重叠地共存。

我们大家用到的另一个推理形式,叫"归纳"。和演绎一样,归纳也从一组给定的事实或者假定开始,然后从中得到结论;但是,归纳如此做法的手段是一个概括的过程,而不是序列性的论证。太阳明天会升起,这个预言是归纳推理的一个例子,其基础是这么一个事实:在我们的经验中,太阳一直不辜负我们的期望,天天升起。如果我松开一个重物,我期望它会落下,这根据的是我以前对于重力的经验。科学家在根据有限数目的观察或实验结果构造假说的时候,运用归纳推理。比方说,物理学规律就是这一种。关于电力的平方反比定律,已经用许多方式得到了检验,并且总是得到了证实。我们称之为规律,根据的是归纳,我们的推理是:平方反比属性将总是有效的。然而,没有人观察到对平方反比定律的一次违背,这个事实并不证明它必定是对的,并不在(有了欧几里得几何学公理的前提下)毕达哥拉斯定理一定是对的那种方式上必定是对的。无论这个规律得到证实的一个一个的机会有多少次,我们都不能绝对地肯定它屡试不爽地管用。根据归纳推理,我们或许只能得到这么一个结论:下一次检验这个规律的时候,它是**非常可能的**。

哲学家大卫·休谟要我们警惕归纳推理。说太阳总是被观察到准时升起,

【27】

或者平方反比定律总是得到了证实,不能保证这些东西在将来一如既往。相信它们会一如既往,根据的是这么一个假定:"自然的路数总是一如既往地千篇一律。"但是,这个假定有什么正当的道理? 确实,说一个事态 B(即黎明)总是千载不变地被观察到紧跟着 A(即黑夜),但你不应该将此事理解成是暗示说:B 是 A 的一个必然的结果。有什么道理说 B **必得**跟着 A? 我们能够设想一个世界,在那里 A 发生了,但 B 不发生:在 A 和 B 之间,在逻辑上不存在什么必然的联系。可能存在某种其他意义的必然性(一种自然的必然性)吗? 休谟和他的追随者都否认存在这么一种东西。

【28】　我们好像得勉强承认:通过归纳而得到的那些结论,从演绎结论的那种逻辑方式来看,永远也不绝对地可靠,即便"常识"的基础是归纳。归纳推理如此经常地成功,此事是世界的一个(异乎寻常的)属性,你可以把这个属性说成"自然的可靠性"。我们一辈子都持有关于世界的一些信念(如日出的必然性),这些信念是通过归纳而得到的,而且被认为整个是有道理的,但其基础却不是演绎逻辑,而是世界碰巧有的那种方式。我们会看到,为什么世界本不可能是另外一番模样,并没有什么逻辑上的道理。世界有可能是混乱的,混乱到不可能做出任何归纳概括的地步。

现代哲学受到了卡尔·波普尔的研究的强烈影响。波普尔论证说,实际上科学家们很少使用刚才描述的那种归纳推理。在做出了一个新发现的时候,科学家们趋向于退后一步,建立与那个发现相协调的假说,然后进而演绎出那些假说的其他推论,这些推论也能够用实验的方法来得到考验。如果这些预言有任何一个到头来是错误的,那么这个理论就必须得到修正或者遭到抛弃。因此,重点是证伪,而非证实。一个力量强大的理论,是一个非常可能遭到证伪的理论,因此能够从许多细节和具体方式上受到考验。如果这个理论通过了这些考验,我们对这个理论的信心就得到了加强。一个太含糊其辞或者太泛泛而谈的理论,或者发出一些只跟我们不可能验证的情况有关的预言,是少有价值的。

实际上,人类智力的努力并不总是通过演绎推理和归纳推理而得以进步的。重大的科学进展的关键,常常取决于信马由缰的想象力的一跃,或者说取决于灵感。在这些情况中,一个重要的事实或者猜想,现成地就跳到了研究者的心灵里,只是后来才在合理的论证中找到了正当的理由。灵感是怎么来的,是一桩神秘之事,此事引起了许多问题。莫非观念有某种独立的存在,因此它们能够时不时地被灵犀之心"发现"? 或者,灵感是正常的推理活动的一个结果,发生在潜意识的隐蔽之处,只是在被完成了的时候,才被呈交给了意识?

如果是这样,这么一种本事是怎么进化出来的? 像数学灵感和艺术灵感这样的东西,能为人类赋予什么生物学上的优势?

理性的世界

世界是理性的,此说与"世界是有序的"这么一个事实相关。事件一般不【29】别别扭扭地发生:众多事件以某种方式互相联系。太阳不早不晚地升起,因为地球以惯常的姿态自旋。一个重物的下落,与它稍早从某一高度被释放的方式相关,如此等等。正是事件之间的这种互相联系性,才为我们提供了因果关系的想法。窗户玻璃碎了,是因为它被一块石头打了。橡树长出来了,是因为橡实被种下了。以因果关系联系起来的那些事件的那种总也不变的联合,变得太司空见惯了,我们禁不住要把因果的潜能归于物质对象本身:石头确实导致了窗户玻璃的破碎。但是,这是把那些主动力量拱手送给了不配拥有这些力量的物质对象。你真能够说的全部的话,是在石头的冲劲儿和破碎的玻璃之间存在一种联系。组成这种先后相续的一串事件,因此不是独立的。在某个空间区域,在一段时间之间,假如我们可能做出关于全部事件的记录,我们就会注意到,这个记录在方式上将是交错的,这将是"一团因果连锁"。这些方式的存在,正是世界的理性秩序的展现。如果没有这些方式,有的只是混乱。

与因果性密切相关的,是决定论的想法。在决定论的现代形式中,它是这么一种假定:众多事件完全是被早先的其他事件决定的。决定论有这么一种言外之意:某一时刻的世界状态,足以固定下一时刻的世界状态。因为下一个状态又固定接下来的许许多多状态,如此等等,结论就出来了:在宇宙的未来发生的无论什么万事万物,都完全决定于宇宙在目前的状态。艾萨克·牛顿在十七世纪提出了他的力学定律的时候,决定论自动地就嵌在那几个定律中。比方说,把太阳系处理为一个孤立的系统,在某一时刻,各行星的位置和速度足以(通过牛顿的定律)别无他途地决定它们在其后全部时刻的位置和速度。另外,牛顿的定律不包括时间的方向性,因此这个戏法反着也管用;当前的事态足以别无他途地固定全部过去的事态。如此一来,比方说,我们能够预言未来的日食,也能反着知道日食在往昔的发生。

如果世界严格地是决定论性质的,那么全部事件就都凝固在原因和结果的铸件当中。过去和未来都装在现在之中,这意思是说,建造过去和未来的世界事态所需要的信息,都折叠在现在的事态中,正如毕达哥拉斯定理的信息严格地折叠在欧几里得几何学的公理中。整个宇宙变成了一台庞大的机器或者时钟,奴隶般地遵循着一条在时间之始就已经规定好了的变化之途。伊利亚·

普里高津(Ilya Prigogine)把此番情景表达得更有诗意:上帝被贬谪为区区一个档案员,翻着已经写就的一部宇宙史籍的书页。[1]

【30】　　与决定论相对而立的,是非决定论,或者说就是偶然。如果一个事件明显不被任何别的东西所决定,我们可以说它的发生是凭借"纯粹的凑巧"或者是"偶然的"。掷出一颗骰子,旋起一枚硬币,是大家熟悉的例子。但是,这果真是非决定论的例子呢,抑或决定它们结果的那些因素和力量是我们难以发现的,因此它们的行为在我们看来就仅仅是显得是随机的?

　　在本世纪之前,大多数科学家都回答说是后者。他们设想,归根到底,世界严格地是决定论性质的;随机的表面现象或者偶然的事件,全然是对有关系统的那些细节无知的结果。如果每一个原子的运动都能够为人所知,他们推测,那么连掷硬币也是可以预言的。事情在原则上不可预言,这个事实是因为我们关于世界的信息是有局限的。随机行为可以追踪到那些高度不稳定的系统中;在其环境中受到许多力量的击打,随机行为就任由这些力量中的微小起伏左右了。

【31】　　1920年代晚期,随着量子力学的发现,这种观点大致是被抛弃了。量子力学处理原子尺度的现象,而且在其基础的层面上内置着非决定论。关于这种非决定论的一种说法,是大家都知道的德国物理学家沃纳·海森堡的不确定性原理。大体来说,这个原理是说:全部的可测量,都受不可预知的起伏的制约,因此它们的值是不确定的。要把这种不确定性量化,可观察物是成对的:位置和动量是一对,能量和时间也是一对。这一原则规定:试图降低一对中的一项的不确定性,因此就增加另一项的不确定性。因此,对一个粒子(比方说电子)的位置的测量,有把它的动量搞得极不确定这么一个效果,反之亦然。如果你想知道一个系统的未来状态,你就需要精确地知道这个系统中的粒子的位置和动量这两者,因此,海森堡的不确定性原理使"现在严格地决定未来"这个想法寿终正寝了。当然,这假定量子不确定性真的是自然所固有的,而不仅仅是决定论性质的活动的某一个隐蔽着的层面的结果。近些年来,有人做了许多关键性的实验来考验这个论点,他们证实不确定性确实是量子系统所固有的。在其最基本的层面上,宇宙本身确实是非决定论性质的。

　　如此说来,这意味着宇宙终究是无理性的吗?不,不是这样。在量子力学中的机遇的作用,与一个没有规律的宇宙中的没有限制的混乱,这二者之间是有区别的。尽管一般不存在关于一个量子系统的未来状态的确定性,但关于一些不同的可能状态的相对概率却仍然是被决定的。因此,胜算在握的说法是有的,比方说,一个原子将处于受激态和非受激态之中,即便每一特定的事例的结果是不知道的。这种统计学的规律性的弦外之音是：在宏观的尺度上，量子效果通常不是显而易见的，自然看上去就符合决定论性质的规律。

物理学家们的活儿，是揭示自然中的模式，并且使这些模式与简单的数学格局相符。为什么存在这些模式？为什么如此这般的数学格局是可能的？这些问题坐落在物理学的范围之外，属于一个名为形而上学的学科。

形而上学：谁需要它呢？

在希腊哲学中，"形而上学"这个术语本来的意思是"物理学之后的"。这提到了这么一个事实：亚里士多德的形而上学建立了，却没起名字，就放在他的物理学论著之后。但是，形而上学很快就指坐落在物理学之外的那些论题（我们在今天会说它在科学之外），但它或许关系到科学研究的本性。因此，形而上学的意思是：对关于物理学（或者一般而言的科学）的那些话题的研究，与科学学科本身是不同的。传统的形而上学问题，包括宇宙的起源、本质和目的；呈现于我们感官的、由表面现象构成的世界如何相关于世界潜在的"真实"和秩序；心灵和物质之间的关系；以及自由意志的存在。显然，科学深深地纠缠在这些问题之中；但是，经验科学本身或许不能回答这些问题，或者说，不能回答任何"关于生活意义"的问题。

十九世纪，整个形而上学的事业，在遭到大卫·休谟和伊曼纽尔·康德的严重质疑之后，开始步履蹒跚。这两位哲学家不仅在如此这般的任何个别形而上学体系上，而且在形而上学是否有意义一事本身上，投下了疑云。休谟论证说，意义只能附属于直接来自我们对世界的观察结果的那些观念，或者属于来自像数学这样的演绎格局。像"真实"、"心灵"和"实体"这样的概念，据传说，以某种方式坐落在呈现给我们的感官的那些实体之外；休谟摒弃之，是因为那些实体是不可观察的。他还抛弃了关于宇宙的目的和意义的那些问题，抛弃了关于人类在宇宙中的意义这样的问题，这是因为他相信：这些概念中没有一个能够以可以理解的方式与我们真能够观察的那些东西相联系。这种哲学立场是所谓"经验主义"的，因为它把经验的事实看做我们所知道的全部事情的基础。【32】

全部知识起于我们对世界的经验，康德接受经验主义者的这个前提；但是，正如我提到的那样，他相信人类也有某些天生的知识；对任何思想的发生而言，那些天生的知识是必要的。因此，在思想的过程中，有两个连在一起的组成部分：感觉材料与先验知识。康德用自己的理论，来探讨人类（凭其观察和推理能力）可能指望知道的东西的限度。他对形而上学的批判是：我们的推

11

理活动,只能运用于经验领域,只能运用于我们真能观察到的现象世界。我们没有理由设想推理活动能够运用于任何假说的领域(那或许坐落在实际的现象世界之外)。换言之,我们可以把我们的推理活动运用于"如我们看到的事物"之上;但是,这不告诉我们关于"事物本身"(物自体)的任何东西。对一个坐落在经验对象背后的"真相"进行理论思考的任何企图,注定要失败。

在遭到此番猛攻之后,尽管形而上学的理论活动不时毙了,但关于坐落在现象世界的表面背后的究竟是什么,有几个哲学家和科学家拒绝放弃对这个问题的思考。然后,在更晚近的年代里,基础物理学、宇宙学和计算理论中的许多进展,开始重新点燃了对一些传统的形而上学话题的兴趣之火:关于"人工智能"的研究,重新揭开了关于自由意志与心体关系问题的争论;对大爆炸的发现,引发了思考:先要有一个机制,才能导致这个物质的宇宙开始存在;量子力学透露了观察者和被观察物互相交织的那种微妙的方式;混沌理论揭示了永恒与变易之间的那种关系,远远不是简单的。

【33】 在这些进展之外,物理学家们还开始谈论"万有理论"——它是这么一个观念:全部的物理规律都可能统一成独一无二的数学方案。注意力开始集中于物理规律的本质上。为什么自然选择某一个特别的方案,而不选择另一个?自然毕竟为什么要选择一个数学性质的方案?关于我们真能观察到的那个方案,有什么特别之处吗?在一个采取另外一种方案的宇宙中,可能存在有理解力的观察者吗?

"形而上学"这个术语,到最后的意思是:关于物理学的"理论的理论"。突然之间,谈论"规律的不同类别",而不谈论我们宇宙的那些实际的规律,成了一件值得尊敬的事。注意力投到了一些假说的宇宙上;这些假说的宇宙的属性,大大不同于我们自己的这个宇宙的属性,这是要努力理解:关于我们的宇宙,是否存在什么特异之处。有些理论家沉思"关于规律的规律"的存在,这是要从某种更宽广的规律集合中,着手"选择"我们宇宙的那些规律。还有几个人准备着考虑具有另外的规律的另外的宇宙的真实存在。

实际上,在这种意义上,无论怎么说,物理学家长久以来都一直在搞形而上学。数学物理学家的部分工作,就是考察某些理想化的数学模型;他们意在用这些模型来捕捉的,仅仅是现实的各种狭窄的方面,而且经常仅仅是以符号或者象征的方式来捕捉。这些模型扮演的是一些"玩具宇宙"的角色;这些"玩具宇宙"可以别无其他目的地得到探索,有时是为了消遣,但一般会为对这个真实世界的理解带来启发,手段是在不同的模型之间,建立某些共同的格调。这些玩具宇宙,常常以其发明者的名字来命名。因此,有"特林(Thirring)",有

"苏格瓦拉(Sugawara)模型",有"陶伯—努特(Taub–NUT)宇宙",最大膨胀的"克鲁斯卡尔(Kruskal)宇宙",如此等等。这些模型向理论家们毛遂自荐,这是因为它们一般可以用严格的数学方法来处理,而一个更现实主义的模型倒或许是难以处理的。大约十年前,我自己的研究,大致上是致力于探索模型宇宙(只有一个空间维度,而非三个)的量子效应。做这件事,是为了把一些难题弄得比较容易研究。这个想法是:一维模型的某些本质特征,会存活在一种更现实主义的三维处理方法中。没有人暗示说宇宙真的是一维的。我的同事和我自己的所作所为,是探索一些假说的宇宙,以揭示关于某些类型的物理规律的属性的信息,揭示关于或许和我们宇宙的真实规律相关的那些属性的信息。

【34】

时间与永恒:存在的基础性悖论

> 永恒是时间
> 时间是永恒
> 视其为对立
> 人类之怪癖
>
> 《安吉勒斯·西勒修斯之书》

"我思故我在。"关于任何会思想的人都能够同意的这个最简单明了的说法,十七世纪的哲学家勒内·笛卡尔以这几个字来表达之。我们自己的存在,是我们原初的经验。然而,这个完美无缺的断言自身也包含着一个悖论性的本质;这个悖论固执地贯穿于人类思想史。思想活动是一个过程,存在是一个状态。在我思的时候,我的心智状态就随着时间变化。但是,这种心智状态所提及的这个"我"却始终如一。在本书当中,这多半是最古老的一个形而上学难题;随着现代科学理论的突飞猛进,这个难题又浮出了水面。

尽管我们的自我构成了我们原初的经验,但我们也感知一个外在世界;而且,在过程与存在之间,在时间性的东西与非时间性的东西之间,我们向这个世界投射了相同的悖论性的联系。一方面,世界一如既往地存在;另一方面,世界变化。我们不仅在我们个人的同一性中认识到了恒常不变性,而且也在我们环境中的物件和性质的持续存在中认识到了恒常不变性。我们构造了诸如"人"、"树"、"山"、"太阳"这样的说法。这些东西不见得永远持续下去,但它们拥有一种类似的恒久状态,这使我们为它们授予了一个个独特的身份。然而,一层层地加在这种持续的存在背景之上的,却是不停的变化。事情一直在发生。现在淡入过去,未来"进入存在(现在)"(comes into being):此所谓"生成"（becoming）[1]现象。我们所谓的"存在"（existence），就是"在"（being）与"生成"（becoming）之间的这么一种悖论性的联系。

【35】　或许是出于心理原因，男男女女都害怕死期将至，都总在搜寻存在的那些最持久的方面。世人来去如宾，草木乍荣即枯，连高山也渐渐消损，而我们现在也知道太阳不可能永远燃烧下去。任何果真恒常的东西，有吗？在一个到处都是"生成"的世界上，你能找到绝对不变的"在"吗？曾几何时，天界被视为万古不易，日月星辰恒常不变。但是，如今我们知道，天体，即便它们极为古老，也并非是向来就存在的，也不会总是继续存在下去。确实，天文学家们已经发现：整个宇宙处于一种逐渐进化的状态中。

那么，什么是绝对恒常的呢？你不可避免地要从物质的和物理的东西那里，转向神秘而抽象的领域。像"逻辑"、"数"、"灵魂"和"神"这样的概念，在历史上频频发生，以此作为最坚实的地面，一幅现实的画面就建立在这个地面上，这个画面就有某种恒常的可靠性的希望。但是，存在的那个丑陋的悖论，接着就向我们扑来。因为，这么一个经验性的、时时变化着的世界，怎么可能植根于由抽象概念构成的不变的世界呢？

在古希腊的体系性哲学的黎明时分，柏拉图就已经面对着这个二元分裂。在柏拉图看来，真正的真实坐落在一个由不变的、完美的、抽象的"理念"或者"理式"构成的超然世界中：这是一个由数学关系和固定的几何学结构组成的领域；这是一个纯粹存在的领域，感官不得其门而入。我们直接经验的那个变化着的世界——即这个"生成"的世界——他视之如浮云流水、昙花蜉蝣、镜花水月。由物质对象构成的宇宙归于理式世界的一种暗淡的阴影，或者一个拙劣的模仿。柏拉图打了一个比方，以此演示这两个世界之间的关系。想象你被囚在一个山洞里，背对着光。每当有东西走过这个洞口，它们就在洞壁上投下了影子。这些影子是那些真正的形式的不完美的投影。由我们的观察结果构成的这个世界，与洞穴影像构成的阴影世界，何其相似。只有理式的恒常世界，才"被可理解的阳光照亮"。

---

〔1〕Becoming 这个如今在哲学中常常出现的动名词性术语，是英语中的一个常用词，意思是"变成"或"变得"，却颇难翻译为一个"体面的"名词。譬如河流，无时不由过去的状态而"变成""现在的"状态——一条河一般的样子。即如一块石头，看似恒常，也无时不变。因此，该词的意思，动静兼有，而偏于动。本译本采用流行的一种译法"生成"，读者当然不应该以"氧和氢发生反应生成水"这种狭隘的方式去理解。Being 在汉语中没有对应词，勉强说，它相当于"是"的名词；这就是说，无论什么，物质的、意识的、心理的、现实的、幻想的、符号的等等，全都"是（什么）"，即"存在着的什么"。其语义有恒常不变之谓。汉译多按语境译为"存在"、"在"、"有"、"是"甚至"正在"等等——译注仅供参考。

柏拉图发明了两个神来统治这两个世界。在理式世界的顶峰上是"善", 【36】
即一个永恒不变的存在,超越于时间和空间。锁在那个由物质对象和力量构
成的半真和变化着世界中的,是所谓"神工"(Demiurge),他的任务是以理式作
为某种模板或者蓝图,把存在着的物质收拾到一种有序状态中。但是,由于不
那么完美,这个经过收拾的世界总是趋向于分崩离析,因此需要"神工"的创造
性照顾。因此,由我们的感官印象构成的这个世界,就有了流变的状态。柏拉
图意识到了存在和生成、不受时间影响的永恒理式与变化着的经验世界之间
的这种根本性的紧张状态;但是,他不曾做出严肃的努力把这两者协调起来。
他满足于把后者贬为一种部分的虚幻地位上,只把不受时间影响的永恒世界
看得具有终极价值。

亚里士多德,柏拉图的一个学生,摒弃了不受时间影响的理式这个概念,
转而建造了这么一幅画面:一个世界,宛如活的生物,像一个胚胎似的,向着一
个确定的目标发育。因此,宇宙被灌注了目的,由一些最终的原因引向其目
标。生物归属于灵魂,灵魂引导它们进行有目的的活动;但是,亚里士多德认
为这些灵魂是生物本身所固有的,不是柏拉图意义上的那种超然的灵魂。对
宇宙的这种万物有灵论的看法,强调的是经由朝向目标的、循序渐进的变化的
那种过程。因此,或许可以设想,和柏拉图不同,亚里士多德尊重"生成"甚于
"存在"。但是,他的世界照旧是这两者的一个悖论性的联合。事物进化所向
的那些目的不变,灵魂也不变。另外,亚里士多德的宇宙,尽管允许不断的发
展,在时间上却没有什么开始。它包含一些对象——天体——不曾"退化、是
不朽的,而且是永恒的",沿着固定而完美的圆形轨道永远运动。

与此同时,在中东,犹太教的世界观,以耶和华与以色列之间的特别立约
为基础。在这里,重点落在神在历史中的启示上,如表达在关于《旧约》的那种
历史记录中,在"创世记"中得到了最清楚的展现。"创世记"中有对神在往昔
的一个承前启后的时刻创造宇宙的描述。然而,犹太教的神仍然被宣称是超
然的、不变的。还是那样,没有人做过尝试,以解决那个不可避免的悖论:一个
不变的神,其目的却响应历史发展而变化。

严肃地对付和世界相关的那些悖论的一个体系性的世界观,必须等到公 【37】
元五世纪,等到圣奥古斯丁的著作问世。奥古斯丁意识到时间是物理宇宙的
一个部分(创造的一个部分),因此,他把"神工"放在时间之流的外边。然而,
不受时间影响的神性这一观念,不容易安顿在基督教教义的内部。特别的难
处围绕着基督的角色:对一位不受时间影响的神而言,在历史的某个特别时
代,化成肉身以及死在十字架上,可能是什么意思呢? 神无痛感和神受苦,怎

么可能协调起来呢？这一争论持续到十三世纪,其时亚里士多德论著的译本在欧洲的那些新建立的大学里可以找到。这些文献影响力很大。一位年轻的天主教会修士,托马斯·阿奎那,着手把基督教与希腊理性哲学的方法结合起来。他构思了一个超验的神,栖居于柏拉图式的领域中,超越于空间和时间。

他接着把一套定义得当的品质归于神——完善、朴素、不受时间影响、全能、全知——并且模仿几何定理的方式,试图合乎逻辑地论述这些品质的必然性和连贯性。尽管他的著作影响巨大,但是在把这种抽象而不变的存在与依赖于时间的物质宇宙联系起来的时候,在与凡俗宗教的神联系起来的时候,阿奎那及其追随者有了极大的困难。这些以及其他的麻烦导致阿奎那的著作遭到了巴黎主教的谴责,尽管阿奎那后来得到了赦免,并且最终被奉为圣徒。

在一番殚精竭虑的研究之后,纳尔逊·派克(Nelson Pike)在他的书《神与无时间性》(*God and Timelessness*)中下了结论:"我现在猜测事情是这样:关于神的无时间性这一教义之所以被引入基督教神学,是因为柏拉图的思想在当时是高雅的,还因为从体系性的雅致的观点来看,这条教义显得有相当大的优势。一旦被引入,它就有了自己的生命。"² 哲学家约翰·奥丹内尔(John O'Donnell)也得到了相同的结论。他的书《三位一体与时间性》(*Trinity and Temporality*)处理了柏拉图的无时间性与基督教—犹太教的历史性之间的矛盾:"我意在表明,因为基督教与希腊文化有不解之缘……基督教就试图成就一种综合,而正是在这一点上,这种综合一定要失败。……关于神的本性,福音书(和希腊文化的某些假定联系在一起)导致了一些僵局,教会至今在这些僵局中进退不得。"³ 在第七章中,我将回过头来讨论这些"僵局"。

[38]　中世纪的欧洲见证了科学的崛起,见证了看世界的一种全新的方式。像罗杰·培根以及后来的伽利略·伽利雷这样的科学家,强调通过精确的量化实验和观察来求知的重要性。他们把人类和自然看得泾渭分明,实验被视为与自然的某种对话,自然的秘密由此就可能被解开。自然的理性秩序,本身源自神,展现在确定不移的规律之中。在这里,柏拉图和阿奎那的那种不变的、无时间性的神性进入了科学,形式是永恒的规律。伴随着艾萨克·牛顿在十七世纪的里程碑式的业绩,永恒的规律这一概念,成就了其最令人信服的形式。牛顿物理学与世界的状态判然有别,后者时时都在变;而规律,一直不变。但是,把"存在"和"生成"协调起来的那个难题,再次浮上了水面,因为,我们如何解释基于无时间性的规律之上的世界中的时间的流变?"时间之箭"这个难题从此就折磨着物理学,至今仍然是争论和研究的题目。

在对时间性与无时间性、存在与生成的悖论性结合做出解释之前,试图对世界做解释,无论科学的解释,还是神学的解释,都不可能成功。与其他论题相比,宇宙的起源这个问题以更直露的方式,直接面对这个悖论性的结合。

第二章　宇宙能够创造它自身吗?

【39】
　　"科学必须为宇宙进入存在一事提供一个机制。"

约翰·惠勒

　　我们通常认为原因在其结果之前。所以,借助于宇宙较早时代的情况,以此试图解释宇宙,就是自然而然的。但是,即便我们能够通过宇宙在十亿年前的状态来解释其目前的状态,除了把这个神秘的问题向往昔推了十亿年之外,我们果真有所成就吗? 因为,我们肯定想借助于更早的状态来解释十亿年前的状态,如此等等。这个因果链条会终止吗? "一定有某种东西把一切都启动了",这种感觉,深深嵌在西方文化之中。存在一种流布广泛的假定,说这个"某种东西"不可能坐落在科学研究的范围之内;在某种意义上,它必定是超自然的。科学家们,这个论点继续说,在解释这个、解释那个的时候或许很聪明,他们甚至可能有本事解释物质宇宙中的万事万物;但是,在解释链条的某一环,他们会到达一个僵局,那是科学穿不过去的一个节骨眼。这个节骨眼就是作为一个整体的宇宙的创生,就是物质世界的终极起源。

【40】
　　这个所谓的"宇宙论证明",以这种那种形式,常常被用作证明神存在的证据。纵贯若干世纪,这个证明方式得到了许多神学家和哲学家的打磨和争论,有时候非常之微妙而细致。宇宙起源这个奥秘,多半是这么一个地界,无神论的科学家在那里会觉得不舒服。宇宙论证明的结论,在我看来,在以前简直无可挑剔;可是,仅仅在几年之前,有人认真地尝试在物理学的框架之内解释宇宙的起源。我应该在一开始就说,这个特别的物理学解释或许完全错了。然而,我不以成败论英雄。有待争论的问题是:要把宇宙发动起来,某种超自然的行动是不是必要? 如果一个看上去合理的科学理论能够建立起来,这个理论将解释整个物质宇宙的起源,那么我们就至少知道一种科学的解释是可能的,无论眼前的这个理论对不对。

18

有过创造事件吗？

关于宇宙起源的全部争论，预先假定宇宙有一个起源。大多数古代文化趋向于这么一种时间观，在其中世界并无开端，而是经历无休无止的重复循环。追溯这种想法的缘起，是有趣的。原始部落的生活总与自然非常协调，他们的生存靠着季节和其他自然周期的节奏。许多时代过去了，环境中却少有变化，因此单向的变化或者历史进步这种想法，是他们想不到的。关于世界的开始或归宿这样的问题，处在他们对现实的构想之外。他们却全神贯注于神话，那些神话事关节奏的模式，以及平息神怒的需要，这都和每一周期有关，以此确保绵绵不绝的生殖力和稳定性。

在中国和中东崛起的几个伟大的早期文明，对这种世界观不曾造成多少改变。斯坦利·杰基(Stanley Jaki)，一位出生于匈牙利的本笃会教士，有物理学和神学两个博士学位，对循环宇宙学的古代信仰做了细致的研究。他指出，中国的朝代体系，反映了对历史进步漠不关心这种一般的态度。"他们的每个新朝代都重新纪年，这么一种情势，对他们而言，表明时间的流逝不是线性的，而是循环的。确实，全部的事件，政治的和文化的，都为中国人再现了一个周期性的模式，即宇宙中的两种基本力量阴和阳相互作用的一个具体而微的复制品。……成功与失败相更迭，正如进步与腐败也是如此。"[1]

印度的体系由循环中的循环构成，由漫长的时段构成。4个"纪"构成为期432万年的一个"大纪"；1000"大纪"构成一个"劫波"，2个"劫波"构成"梵天"的一天；梵天的生命周期是100梵天年，或者311万亿年！杰基把印度的周期比喻成一架无法逃脱的踏车，其催眠般的效果在很大程度上归于他所谓印度文化的那种绝望感和依赖性。周期性以及与之相关的宿命论，也弥漫在巴比伦、埃及和玛雅的宇宙学中。杰基讲过一个尚武的玛雅部落伊察(Itza)的故事：1618年，他们自愿受一小队西班牙士兵的控制。在当时的80年前，他们告诉过两个西班牙传教士说，他们归顺的那个日子，标志着他们的灾难时代的开始。

希腊哲学也沉浸在永恒循环的概念里；但与可怜的玛雅人悲观的绝望不同，希腊人相信他们的文化代表循环的顶峰——进步得登峰造极。希腊体系中时间的循环性质，被阿拉伯人继承了。阿拉伯人是希腊文化的监管人，直到中世纪希腊文化传给了基督教世界。当今欧洲文化有许多，可以追溯到当时希腊哲学与犹太教—基督教传统之间发生的巨大碰撞。当然，神在过去的某个确切的时刻创造了宇宙，而且紧随其后的那些事件构成了一种逐渐展开的、

【41】

19

单向的序列,此说对犹太教和基督教教义具有根本意义。因此,一种关于有意义的历史进步感(堕落、神与犹太人立约、神成肉身、复活、基督再临)弥漫于这两种宗教,并且和永恒的复归这种希腊看法处于尖锐的对立之中。早期基督教会的神学家们,急不可耐地依附于线性的时间而非循环的时间,他们废止了异教的希腊哲学家们的循环世界观,尽管他们通常对全部希腊思想方式是欣赏的。因此,我们发现,托马斯·阿奎那承认亚里士多德的哲学论证的力量(亚里士多德说宇宙必定一直是存在的),却站在《圣经》的立场上,倡导关于一种宇宙起源的信念。

犹太教—基督教的创世教义的一个关键特色,是造物主与其创造物是完全分离的,并且独立于后者;就是说,神的存在并不自动确保宇宙的存在。像在某些异教格局中,物质世界是从造物主流溢出来的,是造物主存在的一种自动的延伸。毋宁说,宇宙在时间中的某一确定的时刻得以存在,是一个已经存在的存在者的一种故意的、超自然的创造行为。

【42】　关于创世的这种概念,尽管看上去明白易懂,但它却导致了几个世纪激烈的教义之争,这部分地是因为,关于这个问题,古老的经文有些含糊其辞。《圣经》对"创世"的描述,比方说,大大借重中东更早的创世神话,多的是诗意,少的是事实细节。神是仅仅为原初的混沌带来了秩序呢,还是在一个原先存在的空虚中创造了物质和光,或者做了什么更深刻的事情,对此不存在什么清晰的说法。令人不舒服的问题太多了。在创造宇宙之前,神在干什么? 他为什么在时间中的那一刻而不在另一刻创造宇宙? 如果他满足于没有一个宇宙自己也永恒存在,那么是什么导致他"下定决心"并且创造一个宇宙呢?

关于这些问题,《圣经》留下了足够的争论空间。争论古已有之。其实,关于创世的基督教教义,是在"创世记"写完之后好久才发展起来的,受到的希腊影响和犹太教思想影响一样多。从科学观点来看,两个问题特别令人感兴趣。第一个问题是神与时间的关系;第二个问题是神与物质的关系。

西方重要的宗教都宣称神是永恒的;但是,"永恒"这个词可以有两种相当不同的意思。一方面,它的意思可能是神在过去已经存在了一个无限的时段,而且在将来还将继续存在无限的时段。或者,"永恒"也可能意味着神完全在时间之外。如我在第一章提到的那样,圣奥古斯丁宁肯选择后者,当时他主张神创造这个世界"相关于时间,但不在时间之中"。通过把时间视为物质宇宙的一部分,而不视之为宇宙的创生在其中发生的某种东西,并且把神完全置于时间之外,奥古斯丁几乎避开了那个难题,即在创世之前,神在干什么。

然而,这个优势的得来,是有代价的。人人都看得出"一定有某种东西把

20

"一切都启动了"这个论点的力量。十七世纪的风尚,是把宇宙看成一部庞大的机器,被神发动起来了。即便在今天,许多人也喜欢相信,在宇宙的因果链条中,神的角色是"原初发动者"或者"第一原因"。但是,对于一个处于时间之外而导致了某种东西的神来说,刚才的这种说法是什么意思呢? 因为这层难处,相信一个不受时间影响的神的那些人,宁肯强调神的角色是时时刻刻地维持和保养这个世界。创世和保养之间,不必有什么区别:在神的无时间性的眼睛看来,这两者是同一个行为。

神与物质的关系,以相似的方式,也一直是教义难题之一。有些创世神【43】话,如巴比伦的版本,描绘了从原始的混沌中创造了宇宙这么一幅图景。(Cosmos 即宇宙,字面的意思是"秩序"和"美丽";后一个方面的意思,存活于现代词 cosmetic 即"美容"或者"化妆品"。)照这个观点,物质是先有的,然后被一个超自然的创造行动赋予了秩序。与此相似的一幅画面,在古希腊也得到了支持:柏拉图的"神工"(Demiurge)被限制于不得不用已经存在的物质来工作。这也是早期基督教的诺斯替教派所采取的立场,诺斯替教徒把物质视为腐败,因此是魔鬼的产品,而不是神的产品。

鉴于历史上提出的神学方案五花八门,实际上,在上文提到的那些讨论中,"神"这个词的那种模糊不清的用法,有可能是相当莫名其妙的。相信一个神圣的存在者发动了宇宙,然后"功成身退",袖手旁观许多事件铺陈开来,不直接参与后来的那些事情,此所谓"自然神论"。在这里,完美的钟表匠,某种宇宙工程师,这个比喻抓到了神的本性;神设计并建造了一部庞大而复杂的机械装置,然后把它发动起来。

与自然神论不同的,是"有神论"。有神论相信一个身为宇宙的创造者的神,但神也一直直接参与世界的日常运行,尤其参与人类事务;神与人保持着一直不中断的私人关系,而且发挥向导的作用。在自然神论与有神论当中,在神与世界之间,在造物主与被造物之间,划定了一道泾渭分明的界线。

神被视为整个不同于物质宇宙,而且在宇宙之外,尽管他仍然为宇宙负责。在所谓"泛神论"的体系中,在神与物质宇宙之间,不曾做出这么一种区分。因此,神等同于自然本身:万事万物都是神的部分,神在万事万物之中。还有"万有在神论",就宇宙是神的部分这方面而言,它和泛神论是相似的;但是,宇宙不是神的全部。打个比方说,宇宙是神的身体。

最后,一些科学家提出了神的一种类型,这个神在宇宙内部进化,最终变【44】得非常有力量,以至于类似于柏拉图的"神工"。比方说,你可以想象,有智力的生命,或者机器智能,逐渐变得越来越高级,越来越散布到整个宇宙,控制了越来越大的部分,直到它对物质和能量的操纵变得极其精良,那么这种智能将无法与自然本身分得开。这么一种类似于神的智能,有可能从我们自己的后代中发展出来,或者某个或某几个外星人社会或许已经发展出了这种智能。在这种进化过程中,把两个或者更多的智能合并在一起,是可以设想的。这类系统已经被人提出来了,他们是天文学家弗雷德·霍伊尔(Fred Hoyle)、物理学家弗兰克·提普勒(Frank Tipler),以及作家艾萨克·阿斯莫夫(Isaac Asimov)。这些格局中的"神"显然逊色于宇宙,尽管是非常强大的,却不是全能的,也不能被视为整个宇宙的创造者,仅仅是宇宙的那个得到了组织的部分。[引进某种特别的倒退因果关系,借此这个超级智力在宇宙之末在时间中反向作用以创造宇宙(作为一个首尾一贯的因果圈的一部分),则另当别论。在物理学家约翰·惠勒的思想中,有这种暗示。弗雷德·霍伊尔也讨论过这么一种格局,却不是在一种无所不包的创造事件的背景下讨论的。]

凭空创造

异教的创世神话,假定物质材料和神圣存在物这两者的存在,二元论也基本上是如此。与此不同,早期基督教会选定了"凭空创造"这一教义;在这种创造中,只有神是必然的。神被认为从空无中创造了整个宇宙。全部可见和不可见的东西,包括物质,其起源因此就归因于神的一次自由创造行动。这一教义的一个重要部分,是神的全能:神的创造力量是没有限制的,此与希腊的"神工"的情况不同。确实,不仅神不限于以先已存在的物质来工作,而且他也不受已存在的物理规律的限制,因为他部分的创造行动就是使那些规律进入存在,并因此建立宇宙的秩序与和谐。诺斯替教派的信念,即物质是腐败的,被摒弃了,因为这个信念与基督的道成肉身不协调。另一方面,如在泛神论的体系中,整个自然都灌注着神的存在,物质也不是神圣的。物质宇宙(神的创造物)被视为与其创造者不同而且分离。

【45】　在这个体系中,创造者和被创造物之间的区别的重要性,是这个被创造的世界绝对依赖于创造者而能存在。如果物质世界本身是神圣的,或者是以某种方式直接从创造者中流溢出来的,那么它就会有创造者的必然性存在。但是,因为它是从空无中创造出来的,而且因为创造行动是创造者的一个自由选择,那么宇宙就不必存在。因此,奥古斯丁写道:"你创造了某种东西,而且是从空无中创造了那个某种东西。你并不是从你本身当中造成了天和地,因此天和地将不等同于你独一无二的诞生,而且由此也不等同于你。"[2] 创造者和被创造物之间最明显的区别,是创造者是永恒的,而被创造的世界却有一个开

22

端。因此,早期基督教神学家(Iranaeus)写道:"但是,已经确立的那些东西,不同于建立那些东西的神,也不同于由创造它们的神所创造出来的东西。因为神自身并非是被创造出来的,神没有开端和终结,也无所缺乏。对于存在一事而言,神自身是充足的;但是,神所创造的东西已经获得了一个开端。"[3]

甚至在今天,关于创世的意义,在教会的主要教派内部,也仍然有教义上的分歧,在世界各种宗教之间的分歧更大。这些分歧,在幅度上,从基督教的和伊斯兰教的原教旨主义者的观念(以对传统经文的字面解释为基础),到偏爱完全抽象的创世观的基督教极端思想家的观念。但是,在这种或那种意义上,他们都同意物质世界本身是不完整的,它不能解释自身。它的存在最终要求它自身之外的某种东西,而且只能从它所依赖的某种形式的神圣影响来得到理解。

时间之始

转向关于宇宙起源的科学立场吧,你可能又要问起证明真正存在一个起 【46】
源的那种证据。设想一个无限延续的宇宙,肯定是可能的,而在现代科学时代的很长时间里,追随哥白尼、伽利略和牛顿的研究,科学家们实际上确实相信一个永恒的宇宙。然而,这个信念有一些悖论性的方面。牛顿为自己的万有引力定律的那些推论所苦恼,万有引力定律主张宇宙中的全部物质都吸引其他全部物质。他困惑于整个宇宙为什么不曾干脆被吸引成一个大物质团。众星体,没有什么东西支撑着它们,怎么可能都挂在那儿,而不被互相之间的引力拉扯到一块儿呢? 牛顿建议了一个别出心裁的解决办法。宇宙要塌陷在其重心,那就必得有一个重心。然而,如果宇宙在空间幅度上是无限的,而且到处都均匀地分布着星体,那么就不会存在什么具有优越性的中心,众星体可能都落向它。任何一个星体,在所有方向上都受到相似的拉扯,那就不会有任何方向上的合力。

这个解决方案其实不令人满意,因为它在数学上是含糊的:各种相互竞争的引力,在量上是无限的。因此,宇宙如何避免塌陷,这个神秘之事一再地发生,而且固执地延续到本世纪。连爱因斯坦都困惑不解。他自己的引力理论(广义相对论)是在 1915 年构想出来的,几乎立刻就"铁定地"试图解释宇宙的稳定性。那个权宜之计是在他的那些引力场方程中的一个额外的项,它对应于一种斥力——某种反引力。如果这个斥力的力度与全部宇宙星体相互的引力相当,那么引力和斥力就能达成平衡,以产生一个稳定的宇宙。嗨,这个搞平衡的做法,到头来是不稳当的,因此轻微的扰乱就导致那些互相竞争的引力中的一种占上风,不是把宇宙向外散开,就是驱迫它向内塌陷。

这个塌陷的宇宙之谜,也不是永恒宇宙的唯一难题。还有一个所谓"奥尔伯斯悖论"的东西,涉及的是夜空的黑暗。这里的难事是:如果宇宙在空间延展上是无限的,正如在时间上也是无限的,那么来自无限多星体的光,将从天倾泻到地球上。简单的思考就表明:在这种情况下,天不可能是黑的。这个悖论可以如此解决:设想宇宙在年龄上是无限的,果真如此,我们能够看到的那些星体,仅仅是其光线从宇宙诞生之后有足够时间越过广袤的空间到达地球的星体。

【47】　如今,我们意识到,没有什么星体能够永远燃烧下去。它可能耗尽燃料。这可以用来阐明一个非常普遍的原则:永恒的宇宙和不可逆的物理过程的持续存在是不协调的。如果实体系统在某种有限率上能够有不可逆的变化,那么这样的系统在无限的时间之前就已经完成了那些变化。因此,我们现在就不可能见到这样的变化(如星光的产生与放射)。实际上,物质宇宙到处都是不可逆过程。在某些方面,宇宙很像一架发条慢慢松弛下来的钟。正如钟不可能永远走下去,宇宙也不可能一直"走着"而不需要"再上紧发条"。

十九世纪,这些问题开始自己逼到了科学家们的面前。到当时,物理学家们处理的是在时间上对称的那些规律,表现不出什么对过去或者对将来的偏向。然后,关于热力过程的研究把事态永远改变了。在热力学的核心,坐落着热力学第二定律,这个定律禁止在热从热物体流向冷物体的同时,也从冷物体流向热物体。这个定律于是就不是可逆的:它在宇宙上铭刻了时间的箭头,指向**单向**变化之路。科学家们很快得到了这么一个结论:宇宙处于单向的滑行中,奔向热力学平衡状态。这种走向无差异性的趋势(温度平衡,宇宙安顿在一种稳定态之中),成了大家所知道的"热寂"。这表示一种最大限度的分子无序状态,或称熵。宇宙还没有这么死去——就是说,宇宙还处在不到极端程度的熵的状态中——这个事实意味着宇宙不可能永恒地挺下去。

1920年代,天文学家发现,一个静态的宇宙这么一幅传统景象,无论如何是错了。他们发现宇宙其实在膨胀,众星系彼此快速分离。这就是有名的大爆炸理论的根据。按照大爆炸理论,大约在150亿年前,在一场巨大的爆炸中,整个宇宙突然之间就存在了。今天看到的宇宙膨胀,可以被视为那场原初爆发的余绪。大爆炸的发现,常常被欢呼为对《圣经》关于"创世"的证实。确实,1951年教皇皮乌斯十二世在"教皇科学院"致辞的时候,提到了大爆炸。当然,大爆炸的情节和"创世记"之间仅有最表面的相似;要在这两者之间扯上任何联系,就必须以一种几乎完全是象征的方式来解释后者。最多只能说,大爆炸理论和"创世记"这两种解释都主张一种突然的开始，而非一种逐渐的开始或者完全没有开始。

大爆炸理论自动就避开了一个永恒宇宙的那些悖论。因为宇宙在年龄上 **【48】** 是有限的，那就没有和不可逆过程相关的那些问题。宇宙明显是有开始的，在某种意义上，是"上紧了发条的"，而在目前还在忙着松弛发条呢。夜空是黑的，因为我们只能看到空间里有限的距离（大约 150 亿光年）；这是光线从宇宙开始以来能够旅行的最远距离。宇宙在自身重力之下塌陷，也不成一个难题了，因为众星系正四下分散呢，它们免于落在一块儿，起码在一段时间是这样。

然而，这个理论解决了一些问题，只能面对另一些问题，尤其是要解释：首先是什么导致了大爆炸。在这里，关于大爆炸的性质，我们遇到了一桩重要的微妙之事。有些流行的解释给我们这么一个印象：在以前就存在的虚空中的某个特别的地方，物质浓缩为一团，爆炸了。这可是太误导人了。大爆炸理论的基础是爱因斯坦的广义相对论。广义相对论的主要特色之一，是物质的事情不可能和空间、时间的事情相分离。这种联系，对宇宙起源而言，意义深远。如果你想象"倒着放宇宙影片"，那么众星系就逐渐逐渐靠近，最终聚在一块儿。然后，星系物质挤压得越来越紧，直到一种巨大密度的状态。你或许就纳闷了：在我们回溯大爆炸的那一刻的时候，压缩度是否有什么极限。

容易看得出，不可能有什么简单的极限。设想存在某种最大限度的压缩， **【49】** 这将意味着存在某种向外的力，超过了巨大的引力；否则就是引力占上风，物质还会更加被压缩。另外，这种向外的力必须是真正巨大的，因为在压缩过程积累的时候，向内的引力增加不会有限制。因此，这种稳定力可能是什么呢？那或许是某种压力，或者物质的硬度吧——在这种极端的条件下，谁知道自然可能施展什么力量呢？然而，尽管我们不知道那些力量的细节，某些一般的考虑一定不会离谱。比方说，在物质被压得越来越硬的时候，宇宙中的音速也变得越来越快。似乎清楚的是，如果原初的宇宙物质的硬度变得足够大，音速将超过光速。但是，这与相对论针锋相对；相对论规定，没有什么物质影响力的旅行速度会比光还快。所以，物质不可能无限地硬。因此，在压缩过程的某一地步，引力会一直大于密度力，这意味着硬度不可能抵得过引力的压缩趋势。

关于一些原初力量（如发生在大爆炸期间的那种极端的压缩条件下）之间的扭打，结论是这样：宇宙不存在什么力量能抵抗得住压榨机般的引力。这种压缩是没有限度的。如果宇宙中的物质均一地分布，那么在第一时刻物质必定就已经无限地压缩在一起了。换言之，整个宇宙会被挤压成单一的一个点。到了这个地步，引力以及物质的密度，都是无限的。一个无限压缩的点，就是数学物理学家们所知的"奇点"。

尽管你忍不住设想一些相当基本的理由,以此期望宇宙起源上的一个奇点,这也需要颇为精细的数学研究,以便严格地证实这个结果。这种研究主要是英国数学物理学家罗杰·彭罗斯和斯蒂芬·霍金的工作。在一系列有力的定理中,他们证明了:在原初宇宙的那些极端条件下,只要引力一直是一种吸引力,那么大爆炸的奇点就是不可避免的。他们得到的那些结果的那个最重要的方面,是即便宇宙物质分布得不均匀,奇点也不是可免的。这是爱因斯坦的引力作用理论(或者就事论事地说,任何相似的理论)所描述的宇宙的一个普遍的特色。

【50】 在科学家和宇宙学家中间,对大爆炸奇点这个想法,在它首次被提出的时候,存在不少抵触。抵触的理由之一,关系到上文提到的那个事实:即物质、空间和时间在广义相对论中是联系在一起的。对不断膨胀着的宇宙而言,这种联系具有重要的寓意。你可能天真地设想,众星系在空间中四下飞散。然而,一个更精确的画面,是想象空间本身是膨胀着的,或者说是伸展着的。就是说,众星系彼此分离,是因为它们之间的空间膨胀。[对空间能够伸展这个主意不高兴的读者,可以参考我的书《无限的边缘》(The Edge of Infinity),以方便进一步的讨论。]与此相反,在过去,空间是收缩了的。但是,如果空间是无限收缩的,它必定货真价实地会消失,跟一个气球似的缩得无影无踪。但是,空间、时间和物质的那种全然重要的联系,进一步意味着时间也必定会消失。若无空间,不可能有时间。因此,物质的奇点也是时空的奇点。因为我们全部的物理学规律都是以空间与时间的方式来构想的,那么这些规律就不能用于空间和时间停止存在的那一点之外。因此,物理学规律必须在奇点那里分崩离析。

我们由此得到的那幅宇宙起源的画面,就不同凡响了。在宇宙的过去的某一确定的时刻,空间、时间和物质受到一个时空奇点的限制。宇宙的进入存在一事,于是就不仅相当于物质的突然出现,而且相当于空间和时间的突然出现。

这个结果的重要性,怎么强调也不过分。人们常常问:大爆炸是在哪儿发生的?大爆炸完全不发生在空间的某一点上。空间本身是随着大爆炸而进入存在的。下面这个问题,也笼罩着相似的难处:在大爆炸之前发生了什么?答案是:不存在什么"之前"。时间本身开始于大爆炸。如我们已经看到的那样,圣奥古斯丁在很早以前就宣称:世界的创造,与时间相关,但不在时间之中,那正是现代科学的立场。

　　然而，并非全部科学家都从善如流地接受此说。尽管接受宇宙膨胀一说，有些宇宙学家试图构造一些理论，却避免空间和时间的一个单一的起源。

重温循环的世界

　　关于一个被创造出来的宇宙，关于一种线性的时间，尽管有强大的西方传统，但是永恒的复归这一诱惑总是潜伏在表面之下。即便在现代的大爆炸理论的时代，也一直有一些尝试，要恢复循环宇宙学的权力。如我们已经看到的那样，在爱因斯坦构造广义相对论的时候，科学家们仍然相信一个静态的宇宙，而这促使爱因斯坦"矫正"他的那些方程式，以便搞出一种引力悬浮的平衡。然而，与此同时，一位名不见经传的俄罗斯气象学家，名叫亚历山大·弗里德曼（Alexander Friedmann），开始研究爱因斯坦的那些方程式及其对宇宙学的寓意。他找到了几个有趣的解法，全都把宇宙说成不是膨胀的，就是收缩的。有一组解法对应于这么一个宇宙：它开始于大爆炸，以逐渐小的速度膨胀，然后又开始收缩。收缩阶段与膨胀阶段恰成镜像，因此收缩变得越来越快，直到宇宙消失于一个"大挤压"——一个大灾变式的内向坍塌，正如反着的大爆炸。这种膨胀和收缩的循环，于是能够继续到下一个循环，然后是下一个，如此等等，以至于无限（见图1）。1922 年，弗里德曼把自己的周期宇宙模型的细节寄给了爱因斯坦，爱因斯坦不为所动。只是在若干年后，随着埃德温·哈伯（Edwin Hubble）和其他天文学家发现宇宙确实在膨胀，弗里德曼的研究才得到了恰当的赏识。【51】

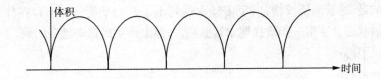

图 1　震荡的宇宙此图表示宇宙的大小如何随着以循环的方式膨胀和收缩而变化

　　弗里德曼的那些解法并不强迫宇宙在膨胀和收缩的位相之间震荡。他的那些解法也提供了这么一个宇宙：它开始于大爆炸，然后永远膨胀下去。这两个可能性中哪一个占优势，到头来要看存在于宇宙中的物质有多少。基本上说，如果有足够的物质，那么物质的引力将最终停止宇宙的疏散，而引起再坍缩。因此，牛顿对宇宙塌陷的忧虑将真的成为事实，尽管那是几十亿年之后的事儿。测量数据揭示，众星体仅仅构成宇宙塌陷所需要的密度的百分之一。

然而,存在有力的证据,存在大量暗物质或称不可见的物质,或许多得足以补足亏空。没有人拿得准这种"缺失的物质"是什么。

如果存在足够多的物质导致再收缩,我们就不得不考虑这么一种可能性:宇宙或许正在脉动,如图1所表明的那样。宇宙学的许多通俗书,让脉动模型做主角,指出它与关于循环自然的印度以及其他东方宇宙学一致。弗里德曼的震荡式的解决方案,可能是关于永恒复归的那个古老观念的科学对等物吗?从大爆炸到大挤压之间的几百亿年的延续,呈现的是梵天的生命周期的大年吗?

【52】 这些类比,尽管看似诱人,却不堪细究。首先,在数学意义上,这个模型并非严格地是周期性的。从大挤压到大爆炸这种转折点,其实是一些奇点;这意味着有关的那些方程式在这里不起作用了。为了使宇宙从收缩弹回膨胀而不遭遇到奇点,那就必须有某种东西反转引力的拉扯,而把物质向外推。从本质上说,某种反弹是可能的,仅当宇宙的运动被一种巨大的斥力(即悬浮力),如爱因斯坦建议的那种"矫正"力,压倒了,但那得有一个巨大的因素把这种力搞得在量级上更大。

即便办成此事的某种机制可能被捏弄出来,但这个模型的循环性却只与宇宙的总运动相关,而忽视了宇宙内部的那些物理过程。热力学第二定律仍然要求这些过程产生熵,而宇宙中的总熵量,在从一个循环到下一个循环之间,继续增加。这一结果是一种相当蹊跷的效果,是理查德·塔尔曼(Richard Tolman)在1930年代发现的。塔尔曼发现,由于宇宙中的熵增加,因此那些循环周期就越来越大、越来越长(见图2)。结果是,在严格的意义上,宇宙完全不是循环的。奇怪的是,尽管熵持续增加,宇宙却永远到不了热力平衡——不存在什么最大值的熵状态。宇宙一如既往地永远脉动,一路上产生出越来越多的熵。

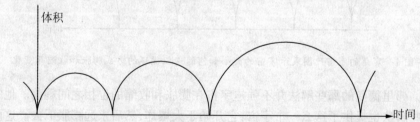

图2 关于震荡宇宙的一个更现实主义的模型,循环周期随着时间变得更大。

1960 年代,天文学家托马斯·戈尔德(Thomas Gold)相信自己发现了一个货 【53】
真价实的循环宇宙模型。戈尔德知道一个永远静态的宇宙是站不住脚的,因
为它将在有限的时间里到达热力平衡。宇宙的膨胀,以不断地冷却宇宙物质
(这是物质在膨胀的时候会冷却的那个大家熟悉的原理),来抵抗热力平衡,这
一事实启发了他。在戈尔德看来,好像是这样:宇宙熵的增加,可能归因于宇
宙正在膨胀这一事实。但是,这个结论暗示着一个不同凡响的预言:如果宇宙
将要收缩,那么万事万物都将往回奔——熵也会再降下来,热力学第二定律也
会反过来。从某种意义上说,时间会倒流。戈尔德指出,这种反转将适用于所
有系统,包括人脑和记忆,因此心理的时间之箭,也将掉转方向:我们会"记得
未来",而不是记得过去。任何有意识的存在物,都生活在我们将视为收缩阶
段的那种情况中,他们将颠倒我们关于过去和未来的定义,而且也认为他们自
己生活在宇宙的膨胀阶段(见图 3)。根据他们的定义,我们的阶段却是收缩
阶段。作为这种反转的一个结果,宇宙在时间中果真是对称的,那么处在大挤
压的宇宙最终状态,将等同于它处在大爆炸的那种状态。这两个事件将因此
是等同的,时间也将围成一个环。如果是那样,宇宙就真的是循环的。

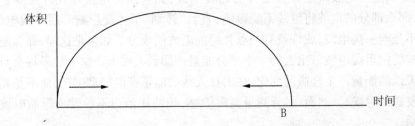

图 3　时间反转的宇宙,在膨胀阶段,时间向前跑;在收缩阶段,时间向后跑。因此,把
开始时刻 A 和最后时刻 B 视为等同,是可能的,因此把时间封闭进了一个环。

时间对称的宇宙,也得到了约翰·惠勒(John Wheeler)的研究。惠勒猜想:
转折点或许并不突然发生,而是逐渐地发生,好像涨潮和退潮的转折那样。时
间之箭不是在最大值的膨胀时期突然反转过来,它或许慢慢地停滞,然后完全
消停下来,然后反转到另一个方向上。惠勒猜测,因此某种明显的不可逆过
程,如放射性的原子核的衰变,在反转之前或许表现出减速的迹象。他建议,
把现在的放射性衰变率与它们在遥远的过去的衰变率比较一番,或许会表明
这么一种减速。

展现一个截然不同的时间之箭的另外一个现象,是电磁辐射的发送。比 【54】

方说,无线电波总在它被发出之后而不是之前才被接收到。这是因为,在无线电广播发射机产生出无线电波的时候,电波从天线向外流到宇宙的深处。我们不曾观察到来自宇宙边缘的有组织的无线电波模式,不曾观察到它们汇聚在收音机的天线上。(表示向外流的电波的那个专业术语是"迟缓电波",而表示向内流的电波的术语是"超前电波"。)然而,如果时间之箭在宇宙的收缩阶段将反转,那么无线电波的运动方向也将反转——迟缓电波将被超前电波取代。在惠勒的"转潮"背景下,这将意味着:接近于大爆炸的全部无线电波都会是迟缓的;那么,随着极大值的膨胀的到达,增加着的超前电波的量会发生。在最大值的时候,将有相等的超前电波和迟缓电波,而在收缩阶段,超前电波将占上风。如果这个想法是正确的,那么它就意味着:在我们目前的宇宙时代中,有很少量的超前电波混合物。实际上,这些电波是"从将来"来的无线电波。

尽管这个观念似有些异想天开,天文学家布鲁斯·帕特律治(Bruce Partridge)在1970年代做的一个实验中,这个观念却被置于考验之下。这个实验的工作原理是:如果由一个天线发出的无线电波朝向一个吸收这些电波的屏幕,那么这些电波将是百分之百的迟缓电波;如果这些电波被允许流到空间里,那么部分的电波将继续不受影响,直到"转潮"了才受影响。后一拨电波,而不是前一拨电波,或许就有一点儿超前电波的成分。如果是这样,那么超前电波将把迟缓电波带出去的一小部分能量推回到天线上。这个效果将会对出自天线的能量产生轻微的变化(在出自天线的能量朝向屏幕发送,而不是朝空间发送的时候)。然而,尽管测量高度敏感,帕特律治也不曾发现超前电波的证据。

【55】　　尽管时间对称的宇宙或许诱人,但要自圆其说地证明它,却很难。从统计学上说,宇宙初始状态的压倒一切的大多数可能性,不会产生反转,因此只有在宇宙初始状态被选出来属于一种非常蹊跷而特别的布置,才会"转潮"。这种情形可以比作一颗炸弹在一个钢制的容器里爆炸:想象全部的弹片从容器壁上一律弹回去,又组成了那颗炸弹,倒是可能的。这种机关算尽的行为并非绝对不可能,但它需要一套环境布置,面面俱到得难以置信。

然而,时间对称的宇宙这个观念,已经证明得足以令人信服,连斯蒂芬·霍金最近也跟它调情,把它作为他的量子宇宙学程序的一部分。我将很快解释此事。然而,经过更细致的研究之后,霍金承认自己的提议是想错了。

持续的创造

托马斯·戈尔德讲了一个故事：1940 年代晚期的一个晚上，他和赫尔曼·邦迪(Hermann Bondi)从电影院出来，往回走。他们看了一部名为《夜之死》(*Dead of Night*)的电影，讲的是梦中之梦，构成了一个没完没了的序列。在回家的路上，他们突然想到：这个电影的主题，或许可以类比于宇宙。或许不曾有过开始，甚至没有大爆炸。或许宇宙有办法持续地自我补充，如此它就能永远进行下去。

在随后的几个月里，邦迪和戈尔德充实了他们的想法。邦迪—戈尔德理论的核心特色是：不存在什么大爆炸式的宇宙起源(在大爆炸那一刻全部物质被创造了出来)。毋宁说，随着宇宙的膨胀，新的物质粒子被持续地创造出来，以填补亏空，因此宇宙中平均的物质密度一直不变。任何单个的星系将经历一个进化性质的生命周期，在其死亡中到达巅峰，其时众星体燃尽了，但新的星系能够以新产生的物质而得以形成。在任何给定的时间，都将存在年龄各自不一的众星系的混合，但那些非常老的星系的分布是很稀少的，因为从那些星系的诞生以来，宇宙已经膨胀了好多。邦迪和戈尔德想象宇宙的膨胀率是保持不变的，物质的创生率刚好维持一种一贯不变的平均密度。这个情形类似于一条河的样子，这条河总体来看总是一样的，尽管河水持续不断地在它里面流。这条河不是静态的，却是恒稳态的。这个理论于是就成了大家知道的关于宇宙的"恒稳态理论"。

恒稳态宇宙没有开始和终结，在所有宇宙时代，平均来说，宇宙看上去是一样的，尽管是膨胀的。这个模型避免了热寂，因为新物质的注入也注入负熵：回过头看那个时钟类比，负熵持续地为那架钟再上发条。邦迪和戈尔德不曾提供详细的机制，以解释物质是怎么创生的；但是，他们的同事弗雷德·霍伊尔(Fred Hoyle)一直研究的正是这个问题。霍伊尔研究一种"创生场"(creation field)的可能性，创生场有产生新的物质粒子的效果。因为物质是能量的一个形式，霍伊尔的机制或许被解释为违背能量守恒定律，但不见得如此。创生场本身带着负能量，通过对事情仔细地安排，借助于创生场的被加强了的负能量，被创生的物质的正能量，有可能刚好得到补偿。从关于这种相互作用的数学研究来看，霍伊尔发现他的创生场宇宙模型，自动地趋向于、然后安分于邦迪和戈尔德理论所需要那种恒稳态条件。

霍伊尔的研究提供了必要的理论支持，以确保恒稳态理论得到严肃的对待；十来年之间，这个理论被认为与大爆炸理论旗鼓相当。许多科学家，包括

【56】

31

恒稳态理论的创始人,觉得通过废除大爆炸,他们就一劳永逸地再也不需要对宇宙做任何种类的超自然解释。在一个没有开端的宇宙中,就不需要一次创世事件,也不需要一个创造者;一个拥有物质的创生场的宇宙,使其"自动上发条",不需要任何神圣的干涉,以使它不断走下去。

其实呢,这个结论是一个不合逻辑的推论:宇宙在时间中或许没有起源,这个事实解释不了它的存在,或者说,解释不了为什么宇宙具有它具有的那个形式。肯定地说,这个事实解释不了为什么自然拥有那些有关的场(如创生场),解释不了建立那个恒稳态条件的那些物理原理。具有讽刺意味的是,一些神学家果真也欢迎恒稳态理论,将其呼为神的创造性活动的一贯做法。毕竟,一个永生的宇宙,免得了死寂,是有相当大的神学感召力的。转入新世纪,数学家和哲学家阿尔弗雷德·怀特海建立了所谓"过程神学派"。过程神学家摒弃传统基督教的从空无中创世的概念,转而支持一个没有开端的宇宙。神的创造性活动自我展现为一种持续的过程,一种在自然的活动中的创造性前进。在第七章中,我将返回创造性宇宙学这个话题。

【57】　到头来,恒稳态理论失宠了,不是由于哲学上的原因,却是因为它被一些观察结果证伪了。这个理论做了一个非常具体的预言,说宇宙在所有时代看上去应该是相同的,而大型射电望远镜的问世,有能力把这个预言置于考验之下。在天文学家们观察非常遥远的物体的时候,那些物体显示的不是它们在今天的样子,而是它们在遥远的过去的样子,那时光或者无线电波离开了它们,走上了朝着地球的漫长旅程。现如今,天文学家们能研究好几十亿光年之外的物体,因此我们现在看到的,是那些物体在好几十亿光年之前的样子。因此,对深远的空间眺望一番,能够为处于一些连续时代的宇宙拍一些"快照",以资对比。到了1960年代中期,事情变得清楚了:几十亿年前,宇宙看起来非常不同于宇宙现在的样子,尤其是面对面地看各种各样的许多星系的时候是这样。

1965年的一个发现,为恒稳态理论敲上了最后一枚棺材钉:宇宙沐浴在热辐射中,温度是高于绝对零度大约三度。有人相信,这种热辐射是大爆炸的一种直接的残余,是伴随着宇宙诞生的原初热的一种逐渐消退的热。如果宇宙物质不曾高度压缩,不曾出格得热,那就很难理解这么一种热辐射浴怎么可能发生。这么一种状态,不发生在恒稳态理论中。当然,宇宙不处在某种恒稳态之中,这个事实不意味着持续的物质创生就不可能;但是,一旦宇宙处于进化过程中一说被确立起来,霍伊尔创生场的理由就大大遭到了破坏。几乎全部的宇宙学家如今都承认:我们住在这么一个宇宙之中,它在大爆炸中有一个确定的开始,然后朝着一种不确定的终结演进。

空间、时间和物质,在一个奇点中有其起源;这个奇点表示物质宇宙在过去的一道绝对的边界。一旦你接受了这个观念,许多大谜就接踵而至。那个难题还在那里:什么导致了大爆炸? 然而,这个问题如今必须以新眼光来看,因为要把大爆炸归因于它之前的任何东西,就像通常讨论因果关系那样,是不可能的。这意味着大爆炸是一个没有原因的事件吗? 如果物理学规律在奇点那里分崩离析,那就不可能有根据那些规律而来的任何解释。所以,如果你执意要为大爆炸要求一个理由,那么这个理由必定坐落在物理学之外。

神导致大爆炸吗?

许多人把神比作某种出色的工程师,点燃蓝色的导火纸,以引发大爆炸,然后功成身退,观赏着这场大戏。不幸的是,这幅简单的图景,尽管对某些人而言很是令人信服,却讲不大通。如我们已经看到的那样,一次超自然的创造活动,在时间中不可能是一种原因性的行动,因为时间的进入存在是我们试图要解释的那个事情的一部分。如果乞灵于神来解释物质宇宙,那么这个解释也不可能是按照惯常的那种原因和结果来讲的解释。

这个反复发作的时间难题,最近得到了英国物理学家罗素·斯坦纳(Russell Stannard)的处理。斯坦纳在神和一本书的作者之间做了一个类比。一本写完了的书完整地存在,尽管人类是在时间中从头到尾读它。"正如一个作者并非写了第一章,然后留下其余各章,让各章自我写成,因此,神的创造似乎不仅仅局限于大爆炸这个事件,甚至也不在大爆炸中格外地投入。毋宁说,神的创造一定要被视为均等地弥漫于全部空间和全部时间:神作为创造者和保养者的角色是混合着的。"[4]

除了时间难题之外,乞灵于神作为对大爆炸的一种解释,还有另外几个意想不到的困难。为了演示这几个难处,我将讲述一场想象出来的谈话,一位谈话者是一个有神论者(或者,更恰当地说,一个自然神论者),他声称神创造了宇宙;另一位是一个无神论者,他"不必做这种假设。"

无神论者:从前,众神被用来解释全部种类的物质现象,如风、雨以及诸行星的运动。随着科学的进步,把超自然的作用者作为对自然事件的一种解释,被发现是多余的。为什么你坚持乞灵于神来解释大爆炸呢?

有神论者:你的科学不能解释每件事情。世界充满了神秘。比方说,连最乐观的生物学家也承认自己被生命的起源难住了。

【59】　　**无神论者**:我同意科学不曾解释每一件事情,但那不意味着科学就不能解释。有神论者总是忍不住要抓住科学一时还不能解释的什么过程,声称仍然需要神来解释之。接着,由于科学进步了,神被挤出去了。你应该记取这个教训:这个"拾漏补缺的神"是一个靠不住的假说。随着时间的推移,给神栖身的缺口是越来越少了。科学解释全部的自然现象,包括生命的起源,我个人看不出这有什么问题。我承认宇宙的起源是一颗打起来比较硬的核桃。但是,如果我们现在好像是已经到达了这么一个地步,在这里剩下的唯一缺口是大爆炸,那么乞灵于一个超自然的存在这么一个概念,这个超自然的存在在其他一切方面都遭到了驱逐,就指望这最后一支杀手锏,那就太不令人满意了。

　　有神论者:我看不出那为什么不令人满意。即便你摒弃如下观念,即神能够直接作用于他曾经创造出来的这个物质世界,这个世界的终极起源这个问题,在范畴上完全不同于解释已经存在着的世界的那些自然现象这个问题。

　　无神论者:但是,除非你有其他理由来相信神的存在,那么仅仅宣称"神创造了这个宇宙"整个地是没有其他的意思。那完全不是什么解释。确实,从根本上说,这个说法缺乏意义,因为你仅仅是把神定义成创造宇宙的那个作用者。这种勾当,不曾使我的理解取得进步。一个神秘(宇宙的起源)仅仅是用另一个神秘(神)来解释。作为一个科学家,我得用一下"奥卡姆剃刀",它要求神这个假说,作为一种不必要的并发症,应该被摒弃。毕竟,我一定会问,什么创造了神?

　　有神论者:神不需要什么创造者。神是一个必然的存在——神必须存在。在这个问题中,没有什么选择。

　　无神论者:但是,有人或许也主张宇宙不必有什么创造者。用来论证神的必然存在的无论什么逻辑,都能同样适用于宇宙,还不必绕这一道弯子。

　　有神论者:科学家们想必和我一样常常遵循相同的推理方式。为什么一个物体下落? 因为重力作用于它。为什么重力作用于它? 因为有一个重力场。为什么? 因为时空是弯曲的。如此等等。你先做一个描述,然后用另一个更深刻的描述代替之,这么搞的唯一目的,是解释你开始时的那件事,即下落的物体。在我把神作为关于宇宙的一个更深刻、更令人满意的解释的时候,为什么你就反对呢?

【60】　　**无神论者**:哎呀,但那是不同的! 一个科学理论,比它试图去解释的那些事实,要重要得多。好理论提供一幅简单明了的自然画面,手段是在到目前还没有联系的那些现象之间建立联系。牛顿的引力理论,比方说,证明海潮与月球的运动之间有联系。除此之外,好理论提出观察性的检验方法,如预言新现

象的存在。关于有关物理过程到底是怎么发生的,好理论还以一些概念提供详细的机制解释。在引力作用这个例子中,这是通过一套方程式,把引力场的强度与引力源的本质联系起来。关于事情是如何运作的,这个理论为你提供一个精确的机制。与此不同,一个神,被拿来只解释大爆炸,以三个标准来说,是不成的。远远不是简化我们对世界的看法,一个创造者带进了一个额外的添乱特征,它本身还没有解释呢。其次,没有什么办法使我们能够以实验的方式来检验这个假说。只有一个地方,在那里神被显露出来——即大爆炸——而那已经过去了。最后,"神创造了宇宙"这个大胆的说法,无能于提供任何真正的解释,除非它伴随着一个详细的机制。比方说,你希望知道,这个神得到了什么属性,他到底怎么着手去创造宇宙,为什么宇宙有它拥有的那种形式,如此等等。一言以蔽之,除非你能以某种其他方式提供证明这么一个神存在的证据,或者为他**如何**制造这个宇宙一事提供一个详细的解释,一个连我这样的无神论者也会认为是更深刻、更简明、更令人满意的解释,我就看不出有什么理由去相信这么一个存在。

有神论者:然而,你自己的立场是非常不令人满意的,因为你承认大爆炸的理由坐落在科学的范围之外。你被迫承认宇宙起源是一桩粗劣的事实,并没有什么更深的解释层面。

无神论者:与把神作为一桩粗劣的事实来接受相比,我倒宁肯把宇宙的存在作为一桩粗劣的事实来接受。毕竟,必须存在一个宇宙,我们才存在于此,来为这些事情争吵!

在后面的几章中,我将讨论出现于这场对话中的许多问题。这场争论的【61】本质是:你是干脆认为宇宙的爆炸性出现是和尚头上的虱子——一件赤裸裸的、不需要解释的事情——某种属于"事儿就是那样"的范畴呢,还是要寻求某种更令人满意的解释? 直到最近,似乎任何解释都一定要牵扯一个超自然的作用者,这个作用者胜过物理学规律。但是,在我们关于非常早的宇宙的理解中,取得了一项新进展,改变了这场争论的格局,并且以全然不同的看法,重新整理了这个老大难问题。

并非创造的创造

自从恒稳态理论寿终正寝一来,关于宇宙起源一事,科学家们似乎一直面对着一个冷峻的选择。你或者可以相信,宇宙无限地老,连带着全部的物理学悖论;或者是设想一种突如其来的时间(和空间)起源,对此的解释坐落在科学的范围之外。遭到忽视的是第三个可能性:时间可能在过去是有限的,却在一个奇点那里有待于进入存在。

在进入这方面的细节之前,让我们发表一个一般的观点:起源难题的本质,是大爆炸似乎是一个没有物质原因的事件。这通常被认为与物理学规律相矛盾。然而,存在一个小小的射击孔。这个射击孔被称做量子力学。如在第一章解释的那样,量子力学的运用,一般限于原子、分子和亚原子粒子。对宏观对象而言,量子效应通常是可以忽略的。我们记得,在量子物理学的核心坐落着海森堡的不确定性原理,该原理宣称:全部的可测量(如位置、动量、能量)的值受不可预测的起伏的左右。这种不可预测性意味着微观世界是非决定论性质的,用爱因斯坦的那种活泼有趣的措辞来说:上帝跟宇宙掷骰子。所以,量子事件并不绝对地决定于前面的原因。尽管某一事件(如一个原子核的放射衰变)的概率是被这个理论固定了的,但一个具体的量子过程的实际结果,是不为人知的,即便在原则上,也是不可知的。

【62】　　通过弱化原因和结果之间的联系,量子力学为我们提供一种微妙的方法,来克服宇宙起源难题。如果能够找到一个方法,允许宇宙作为一种量子起伏的结果从空无中进入存在,那么就没有什么物理学规律会遭到违背。换言之,用量子物理学家的眼睛来看,一个宇宙的自发出现,并非那么令人惊讶,因为在量子的微观世界中,物质对象向来都一直自发地出现——并没有清晰可辨的原因。量子物理学家再也不需要诉诸超自然的行动,来解释宇宙进入存在,他们宁肯去解释在一个放射性原子核衰变的时候,它为什么衰变。

当然,所有这一切依赖于量子力学在运用于作为一个整体的宇宙的时候的有效性。此事不那么清楚。把一个关于亚原子粒子的理论,运用于整个宇宙,姑且不提如此做法所涉及的这种令人吃惊的类推法,关于这个理论中的某些数学对象所连带的意义,也有一些事关原则的深刻问题。但是,许多杰出的物理学家争辩说,这个理论能够弄得在这种情况中令人满意地发挥作用,因此"量子宇宙学"这个学科应运而生。

量子宇宙学的正当理由是这样:如果大爆炸得到了严肃的对待,那就有一个时间,其时宇宙被挤压到微小的尺寸上。在这样的情势下,量子过程必定是重要的。尤其是海森堡的不确定性原理所描述的那种起伏,在诞生期的宇宙的结构和进化上,必定具有深刻的影响。一番简单的计算就能告诉我们那个时代的时间。在物质密度是难以置信的 10^{94} 克/厘米^3 的时候,量子效应是重要的。这种事态存在于大爆炸后的 10^{-43} 秒之前,其时宇宙的直径仅仅是

10^{-33}厘米。这些数字分别被称做普朗克密度、时间和距离(以量子论的创始人马克斯·普朗克的姓氏命名)。

在超微观的尺度上,量子起伏把物质世界"举重若轻地拨出来",这个能力导致了关于时空本质的一个令人着迷的预言。物理学家能够在实验室里观察到量子起伏,距离大约是 10^{-16}厘米,时间大约是 10^{-26}秒。这些起伏影响像粒子的位置和动量这样的事情,而且它们发生在显然是固定的时空背景中。然而,在小得多的普朗克尺度上,这样的起伏将也影响时空本身。

为了理解其中的门道,首先必须意识到空间和时间之间的密切联系。相 【63】对论要求我们把三维的空间和一维的时间,看做一个统一的四维时空的部分。尽管有这种统一状态,在物理学上空间仍然与时间不同。在日常生活中,把空间和时间分开,我们毫无困难。然而,这种区别能够被量子起伏搞得模糊起来。在普朗克尺度上,空间和时间各自的独特身份,可以被抹去。究竟是怎样,要看这个理论的细节;这个理论可以被用来计算各种时空结构的相对概率。

作为这种量子效应的一个结果,在某些情况下,最可能的时空结构其实是四维的空间,此事是可能发生的。詹姆斯·哈特尔(James Hartle)和斯蒂芬·霍金已经证明:在非常早的宇宙中,无所不在的正是那些情况。就是说,如果我们设想在时间中朝着大爆炸回溯,那么,在我们到达我们认为是最初的奇点之后的一普朗克时间之际,某种怪异的事情就开始发生。时间开始"变成"空间。不必处理时空起源的问题了,因此,我们如今却不得不满足于四维空间,而且出现了关于那个空间的形状(即它的几何学)这么一个问题。实际上,这个理论允许形状的无限多样性。哪个形状在实际的宇宙中生效,与选择合适的初始条件这个问题相关(这个话题在稍后将得到更详细的讨论)。哈特尔和霍金做了一个特别的选择;他们声称,基于数学的优雅性,他们的选择是当然的。

关于他们的想法,提供一幅有助于理解的示意图,是可能的。然而,读者 【64】得小心,看这个图,不要太照实。出发点是借助于一个图示来表示时空,竖线是时间,横线是空间(见图4)。未来朝向示意图的顶上,过去朝向底下。在书页上恰当地表示四个维度,是不可能的,我就把全部的维度都省略了,只留着空间一个维度,这个维度却足以讲得清楚要点。示意图的一个横向分层表示某一瞬时的全部空间,一条竖线表示连续时代的空间一点的历史。把这个示意图画在一张纸上,想象某些运作能够在上面进行,是可以帮助我们理解事情的。(读者或许发现该图有指导作用,能把这些要点表达出来。)

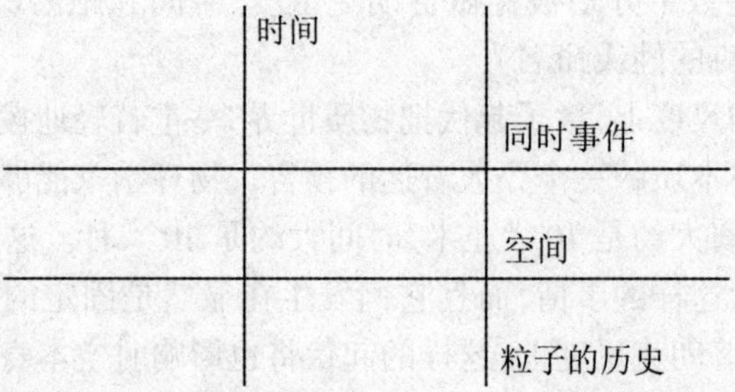

时间

同时事件

空间

粒子的历史

图4　时空示意图,时间是竖线,空间是横线。只有空间维度被显示出来。图中的一
　　　个横的部分表示某一瞬时的全部空间。一条竖线表示在时间过程中的空间中
　　　的一个固定点(如一个静粒子的位置)。

　　如果空间和时间是无限的,严格地说,我们将需要一张无限大的纸来画我们的示意图,才能恰当地表示时空。然而,如果时间在过去是有限的,那么示意图在底边必定有一条边界:你可以想象在某个地方剪一道横向的边缘。它或许也有一个未来的边界,要求沿着顶上也有一道相似的边缘。(在图5中,我用扭动的横线来表示这些。)如果是那样,我们将有一条有限的横带,表示从宇宙开始(在底边)到宇宙终结(在顶边)的连续时刻的全部无限空间。

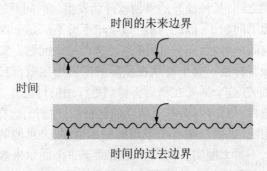

图5　在过去和/或未来,时间可能受限于奇点,在时空示意图上,这可以通过把示意图
　　　的底边和顶边截掉来表示。扭动的线表示奇点。

【65】　　你可以暂时玩味这么一个可能性:空间完全不是无限的。爱因斯坦第一个指出空间或许是有限的,却是无边的,而且这个想法一直是一个严肃的、可以检验的宇宙学假说。这么一个可能性很容易被容纳在我们的图景中,方法

是把这张纸卷成一个圆筒(见图6)。每一时刻的空间,是用一个周长有限的圆圈来表示的。(二维的相似物是一个球的表面;在三维中,它是一个所谓超球面,超球面很难想象,但在数学上很容易定义,很容易理解。)

图6　空间可能是无限的,却没有边界,这通过把时空示意图卷成圆筒来表示。横的部分,表示某一刻的空间,于是就是一个圆。

　　进一步的改良,是引进宇宙的膨胀,这可以通过让宇宙的大小随着时间变化来表示。因为我们在这里关心的是宇宙的起源,我将忽视这个示意图的顶边,并且只显示靠近底边的那一部分。那个圆筒现在变成了圆锥;画几个圆圈来表示空间的膨胀值(见图7)。宇宙起源于一个无限压缩的奇点这一假说,在这里的画法是允许这个圆锥逐渐变细,以至于底面变成单一的点。这个椎体的单一顶点,表示空间和时间在大爆炸中的突然出现。

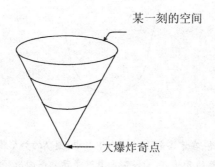

图7　膨胀着的宇宙,宇宙膨胀的效果,可以在我们的时空示意图上表示出来,方法是把图6的那个圆筒搞成一个圆锥。这个圆锥的顶点对应于大爆炸的奇点。横切这个圆锥的横向部分,现在是直径越来越大的圆圈,表示空间变得越来越大。

　　量子宇宙学的根本主张是:海森堡的不确定原理涂污了尖锐性,或者说弄　　【66】

钝了那个顶点,代之以某种磨滑了的东西。只是那个某种东西究竟是什么,要依赖于理论模型;但是,在哈特尔和霍金的模型中,一个粗略的指导是把那个顶点弄圆滑,弄滑的方式见图8。在图8中,圆锥的顶点被一个半球代替了。这个半球的半径是普朗克长度(10^{-33}厘米),以人类的标准来说,非常小;但是,与一个奇点相比,这个半径就无限大了。在这个半球的上边,这个圆锥以寻常的方式伸展开,这代表这个膨胀着的宇宙的标准的、非量子的发展。在这里(在上部,即半球接合处以上)时间像一般方式那样垂直向圆锥的上方跑,而且在物理学上相当不同于空间;空间绕着这个圆锥横向跑。然而,在接合处以下,情况迥然不同。时间维度开始弯曲得进入空间方向(即横向)。接近半球的底,你有一个二维的、大致是横向弯曲的表面。这代表一个二维空间,而不代表一个空间维度和一个时间维度。注意,从时间到空间的过渡是逐渐的;一定不要认为这种在接合处的过渡是突然发生的。用另外的方式来表达,你可以说,随着半球逐渐弯曲进圆锥,时间从空间中逐渐涌现。还要注意,在这个方案中,时间仍然从下面受到限制(时间并不向后拉伸进无限的过去),但不存在真正的时间的"第一时刻",不存在奇点性质的起源的突然开始。实际上,大爆炸奇点已经被废除了。

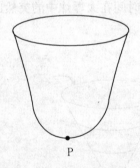

P

图8　并非创造的创造,在宇宙起源的这个版本中,图7的那个圆锥的顶点被打磨圆了。不存在突然的开始:时间逐渐向着这个示意图的底部消失。事件P看起来像第一时刻,但这只是这个示意图画法所造成的假象。不存在什么清晰可辨的开始,尽管时间在过去仍然是有限的。

【67】　　你或许不禁仍然要认为这个半球的底("南极")是宇宙的"起源",但是,如霍金强调的那样,这是一个错误。球面的一部分的特点是这么一个事实:从几

何学上说,它上面的全部的点都是等同的。就是说,在任何方式上,没有哪个点出类拔萃地具有优越性。在我们看来,半球的底是特别的,那是因为我们选来表示那个曲面的方式所致。如果这个圆锥稍微倾斜一点儿,那么另外某个点就成了这个结构的"底"。霍金指出,这个情况有些类似于我们以几何法表示地球的球面的那种方式。纬线汇聚南北极,但在这两个地方的地球表面和任何别处是一样的。我们可以同样选择麦加和香港作为这些纬线圈的焦点。(两极的实际选择地点,是根据地球的自转轴,此事与目前的讨论无关。)没有什么暗示说,地球的表面在两极突然停止了。实话实说,在经纬坐标系里确有一个奇点,但那不是几何学上的一个物质的奇点。

为了把这一点讲得更清楚,请想象在图 8 的那个半球的"南极"钻一个小洞,然后把这个小洞撑开(设想这东西是有弹性的),以便造成一个圆筒,然后剪开这个圆筒,并且把它展开,以弄成一个平板。我们最终得到的,正是像图 5 那么一个景象。此番操作,宗旨是说:我们以前当成时间的单一起源的东西(底边),其实仅仅是南极那里的坐标奇点被无限扯开了而已。在以墨卡托圆柱投影法画的地球地图那里,发生了完完全全相同的事。南极,其实仅仅是地球表面的一个颇为寻常的点而已,却用一条横向的边线来画,好像地球的表面在那里有一道边缘似的。但是,那道边缘彻头彻尾地是我们选择的那种方式带来的假象而已(我们选择用一种特别的坐标系,来表示那种球面几何构造)。我们可以随便重新画一幅地球的地图,用的是一个不同的坐标系,选出另外的点作为纬线圈的焦点,如此一来,南极在地图上将显得和它实际的那样——一个颇为寻常的点而已。

按照哈特尔和霍金的说法,这番忙活的结果是:不存在什么宇宙的起源。【68】然而,这不意味着宇宙是无限老的。时间在过去是有限的,但没有如此这般的边界。因此,围绕着无限时间对有限时间的那些悖论,哲学痛苦了若干个世纪,这份痛苦几乎消除了。哈特尔和霍金别出心裁地从那个特别的两难推理的犄角之间,摸索出了一条出路。正如霍金说的那样:"宇宙的边界条件,是它没有什么边界。"[5]

哈特尔—霍金宇宙对神学的寓意是深刻的,如霍金本人评论的那样:"只要宇宙有一个开端,我们就能假定它有一个创造者。但是,如果宇宙完全是自力更生的,没有什么边界或者边缘,它就既没有开始,也没有结束:它就仅仅是存在。那么,把创造者安置何处呢?"[6]这个论点因此就是:因为宇宙没有一个在时间中的奇点性质的起源,那就没有必要诉诸在开始时的一种超自然的创造行动。英国物理学家克里斯·艾沙姆(Chris Isham),自己就是一位量子宇宙学的专家,对哈特尔—霍金理论的神学寓意做过研究。他写道,"毫无疑问,从心理上说,这种初始奇点的存在,趋向于产生关于一个创造者的观念,这个创造者使整场大戏逐渐铺张开来。"[7]但是,他相信,这些新颖的宇宙学观念消除了这个需要,不必乞灵于一个拾漏补缺的神,以之作为大爆炸的原因:"这些新理论显得即将把这个裂口补得整整齐齐。"

尽管霍金的建议是一个在时间中没有确定起源的宇宙;但是,在这个理论中,宇宙并非总是存在,这么说也是对的。因此,宇宙"创造了自己",这么说正确吗? 我宁肯采取这么一种方式来表达这个事情:时空与物质的宇宙内在地协调,并且是自力更生的。宇宙的存在不需要任何外在于它的东西;确切地说,不需要什么第一推动者。因此,这意味着在不需要神的情况下,宇宙的存在能够以科学的方式得到"解释"吗? 我们可以把宇宙视为构成一个封闭系统吗,其中包含着它全然在自身之内的存在的理由? 答案要看"解释"一词附带着什么意思。鉴于物理学规律,可以说,宇宙能够照顾自己,包括为它自己的创生负责。但是,那些物理学规律是从哪儿来的呢? 我们必须反过来为这些规律寻找一个理由吗? 这是我在下一章讨论的话题。

【69】　最近的这些科学发展,能和基督教关于从空无中创世的教义符合起来吗? 如我已经反复强调的那样,神使世界从空无中进入存在的这个想法,不可以被视为一个时间性的行为,因为它涉及对时间的创造。在现代基督教的观点中,从空无中创世的意思,是在全部时间中维持存在着的宇宙。在现代科学的宇宙学中,你无论如何不应该再把时空设想为"进入存在"。你倒是应该说时空(或者宇宙)仅仅是存在而已。"这个方案没有一个地位特殊的初始事件",哲学家魏姆·德瑞斯(Wim Drees)评论说,"因此,全部时刻与创造者的关系都是类似的。或者是全部的时刻'总在那儿',是一桩粗劣的事实,或者是它们全都同等地被创造出来。这种量子宇宙学的一个可爱的特征,是从空无创世的部分内容(被认为与科学离得最远),即'维持',可以被视为这个理论的语境中的那个更为自然的部分。"[8]然而,这个理论炮制的神的形象,与二十世纪基督教的神相去甚远。德瑞斯感觉神应该和十七世纪的哲学家斯宾诺莎采纳的那种泛神论的神的形象很近似;以此来说,物质宇宙本身承接了神的存在的若干方面,诸如是"永恒的"和"必然的"。

你当然还要问:为什么宇宙存在? 时空的(不受时间影响的)存在,应该被视为"创世"的一种(非时间性的)形式吗? 从这种意义上说,"从空无中"的创世将不指任何从无物到有物的任何时间性过渡,而仅仅作为一种提示:本来可能什么也没有,而非有什么东西。大多数科学家(尽管或许不是全部——参见

124 页)会同意关于宇宙的一种数学方案的存在,与那个宇宙的真实存在并不是一回事。纸上谈兵嘛。因此,德瑞斯所谓的"存在的偶然性"一如既往。哈特尔—霍金理论相当合适地符合这种更抽象意义上的纸上谈兵的"创世",因为那是一个量子理论。量子物理学的本质,如我说的那样,是不确定性;一种量子理论中的预言,是**关于一些可能情况**的预言,而不是确定不移的说法。哈特尔—霍金的数学形式主义提供的是**一些可能情况**:一个特定的宇宙,物质得到了特定的组织,存在于每一刻。对某一特定宇宙而言,存在一种非零概率,你在做这种预言的时候,你是在说:存在一个确定的机会,那个宇宙将被实现。因此,从空无中创世一说,在这里得到了关于"众多可能性的某种实现"这么一个具体的解释。

【70】

母宇宙与子宇宙

在离开宇宙起源这个问题之前,关于最近的一个宇宙学理论,我应该说几句话。在这个理论中,起源问题采取了一种全然不同的方式。在我的书《上帝与新物理学》中,我散布了这么一个观点:我们所谓宇宙的这个东西,或许是作为某个更大的系统的一个副产品而开始的,然后这个副产品离开了那个大系统,变成了一个独立的实体。这个基本观点演示在图 9 中。在这里,空间被画成二维面。按照广义相对论,我们能够想象这个面是弯曲的。尤其是,你可以设想一个本地性的肿块,形成于这个面上,然后拱起来,成了一个凸物,以一条细脖子与主面联系着。接着或许发生的事情,是那条细脖子变得越来越细,直到它整个断掉了。那个凸物于是变成了一个完全失去联系的"泡"。"母亲"面引发了一个"孩子"。

令人讶异的是,很有理由预期与此相似的某种事情一直在真实宇宙中进行着。与量子物理学相联系的随机彷徨变动暗示:在超微观尺度上,所有样式的肿块、虫洞和桥,应该在整个时空中正在形成并坍塌。苏联科学家德烈·林德(Andrei Linde)有这么一个观念:我们的宇宙就是以这种方式开始的,是时空的一个小气泡,这个小气泡接着以荒诞的速度"膨胀",产生了一个大爆炸。另一些人也发展出了相似的模型。产生我们的宇宙的"母亲"宇宙,也以荒诞的速度不停地膨胀,尽其所能生出了许多婴儿宇宙。如果这种事态是正确的,它就意味着"我们的"宇宙仅仅是一个无限多个宇宙的杂集中的一部分,尽管它如今是自力更生的。这个杂集作为一个整体,没有什么开始或者终结。在使用像"开始"和"结束"这样的词的时候,无论如何是有麻烦的,因为不存在什么前宇宙的时间(在其中发生这种产子过程),尽管每一个气泡各有自己的内在时间。

43

【71】

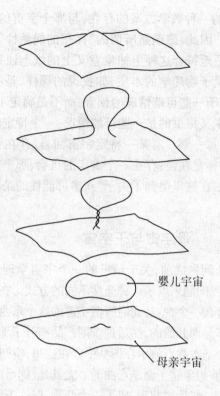

婴儿宇宙

母亲宇宙

图9　孵化一个婴儿宇宙,母亲宇宙画成一个二维面。这个面上的弯曲部分,在引力作用下凸起。如果引力足够强,弯曲部分能够产生一个肿块,形成一个微型宇宙,通过一条所谓"虫洞"的脐带或者脖子连着它。从母亲宇宙来看,这个脖子可能显得像一个黑洞。到最后,这个洞蒸发了,发挥脐带的作用,并且把这个婴儿宇宙送入独立的存在状态。

【72】　　一个令人莞尔的问题,是我们的宇宙是否也有能力做母亲,并且产生孩子宇宙。对某个发疯的科学家而言,在实验室里创造他自己的宇宙,是可能的吗? 这个问题得到了暴胀论的创始人艾伦·古思(Alan Guth)的研究。原来是这样:如果大量能量集中起来,一个时空肿块或许真的会形成。乍看起来,这似乎惹起了一个令人担忧的前景:新一次的大爆炸会被激发出来;但是,实际上发生的事情,是那个肿块的形成,从我们所在的时空区域来看,仅仅像一个黑洞的创生。在肿块的空间之内,尽管会有一场爆炸性的膨胀,但我们仅仅看到了一个黑洞,在稳定地收缩。到最后,这个洞完全蒸发掉了;到那个时候,我

们的宇宙已经和它的孩子断绝联系了。

尽管这个理论吸引人,它仍然是高度推测性质的。我将在第八章回头讨论之。母子理论与哈特尔—霍金理论,通过一些量子过程,身手敏捷地避开了与宇宙起源相关的那些难题。由此得到的教益,使量子物理学打开了一扇门,通向年龄有限的一些宇宙;这些年龄有限的宇宙的存在,并不要求一个清晰可辨的、先在的原因。特别的创造行动,也是不必要的。

本章讨论的全部物理学观念,都基于这么一个假定:作为一个整体的宇宙,遵从一些界定得很清晰的物理学规律。支撑着物质现实的这些物理学规律,编成了一块数学织物,这块数学织物本身建立在牢固的逻辑基础上。从物质现象,经由物理学规律,到数学,最终到逻辑,这条道路开启了一个诱人的前景,即通过单单运用逻辑推理,这个世界能够得到理解。物质宇宙的很大部分,即便不说全部,照它的样子来看,可能是逻辑必然性的结果吗? 有些科学家确实已经声言事情正是如此,只存在一套合乎逻辑的规律,只存在一个合乎逻辑的宇宙。为了研究这一横扫一切的断言,我们必须调查物理学规律的本质。

第三章 什么是自然规律？

【73】 在第二章，我论证说，由于物理学规律，宇宙能够创造它自身。或者说得更正确些，一个宇宙的存在，没有外在的第一原因，此说不必再被视为与物理学规律相矛盾。这个结论特别地基于宇宙学对量子物理学的运用。鉴于物理学规律，宇宙的存在本身没有什么神奇的。这把事情搞得好像物理学规律充当起了宇宙"存在的根据"。肯定地说，就大多数物理学家而言，现实的牢固基础，可以回溯到这些规律。这些规律是作为宇宙基础的永恒真理。

在科学中，规律这个概念稳如磐石；甚至在最近，也没有几个科学家腾出点时间来思考物理学规律的本质和起源。他们志得意满地干脆认定这些规律是"现成的"。在发现他们所谓宇宙的"终极"规律一事中，既然物理学家和宇宙学家已经取得了迅速的进步，许多老问题就重新露头了。为什么规律拥有它们所拥有的那种形式？规律可能是另一番面貌吗？规律是从哪儿来的？规律独立于物质宇宙而存在吗？

规律的起源

【74】 自然规律(a law of nature)[1]这个概念，不是哪个哲学家或者科学家的发明。尽管这个概念仅仅在现代的科学时代才成形，其源头却要回溯到历史的黎明，最终与宗教难解难分。我们远古的祖先们，对于原因和结果，必定已经有一种初步的看法。制作工具的目的，比方说，总是促进对环境的操控。用石头砸坚果，导致坚果碎裂；仔细地投掷标枪，能够瞄准目标，拿得准，它会沿着

---

〔1〕汉语中的"规律"一词，在包括英语在内的西方语言中对应词是 law；但是，law 也有"法律"的意思。这意味着在西方文化传统中，自然的规律和社会的法律被视为同一的——这种观念(如下文将要讨论的那样)具有宗教的渊源，即自然的规律和社会的法律都是神的立法(摩西十诫)，都具有神圣的性质——译者注。

一条特别的抛物线飞行。但是,事态的某些惯常性,尽管对这些早期人类是一目了然的,但范围广泛的大多数自然现象,却一直是神秘的,一直是无法预料的,于是诸神被捏造了出来,来解释那些现象。因此,有雨神,有太阳神,有树神,有河神,如此等等。自然世界在好多力量强大者的控制之下。

以我们自己的那些说法,以我们那些默许的假定和偏见,来对较早的那些文化做判断,总有一些危险。在科学时代,为事情找寻机械论的解释,我们以为这相当自然:弓弦推动箭矢,重力把石头拉向地面。某一给定的原因,通常采取力的形式,产生后来的一个结果。但是,早期文化一般不以这种方式看世界。有些文化把自然视为彼此作对的力量的打斗场。诸神或者精灵,各具性格,不是冲突,就是妥协。另一些文化,特别是东方文化,相信物质世界是一方整体性的织锦,里头织着许多相辅相成的势力。

在几乎全部的早期宇宙理论中,世界不被比作一台机器,而是比作一个活物。物质对象都被赋予了目的,正如动物的行为似乎有目的。这种思想方式的一种残余存留至今,大家谈论水"俯就"最低的水面,或者说指南针的指针的目的是"找北"。一个实体系统俯就、受引导或者被引向某个最后的目标,这个观念是所谓"目的论"。希腊哲学家亚里士多德(他的宇宙万物有灵论的看法,我在第一章稍稍提过),在四类原因之间做了区分:质料因、形式因、动力因和终极因。这些范畴,常常以一座房子为例来演示。什么导致一座房子进入存在? 首先,有质料因,在这里就是砖石木料之类,房子由此得以建造。然后,有形式因,它是套在质料上的形式或者形状。第三来了动力因,是质料被收拾到其形式里所仰赖的那些手段(在此例中是建筑工人)。最后有终极因,即东西的目的。以房子为例,这个目的或许涉及一张事先存在的图纸,建筑工人按照这个图纸干活儿。【75】

即便装备着这么一套相当精细的因果关系的说法,亚里士多德也不曾恰当地阐述我们如今所理解的自然规律。他讨论过物体的运动,但他所谓的运动规律,其实仅仅是一些描述,说终极因应该如何如何运作。因此,比方说,一块石头会落下来,因为笨重物件的"自然归宿"是大地;缥缈的气体会上升,因为它们的自然归宿在以太领域,在高天之上,如此等等。

这种早期的思想方式,有很多基于这么一个想当然:物件的属性,是属于那些物件的固有品质。物质世界中多种多样的形式和物质,因此就反映固有性质的无限多样。与这种看世界的方式抗衡的,是几个一神论的宗教。犹太教把神设想为立法者。这个神,独立于、分离于他的创造物,从外面在物质宇宙上强加规律。凭借神圣的裁决,自然据说应该受规律的支配。你仍然可以把原因用到现象上，但原因和结果之间的联系，如今受到规律的制约。约翰·巴罗（John Barrow）研究过物理规律的历史起源。他把希腊众神与犹太教帝王式的唯一的神做比较："在我们看希腊的那个相对复杂的众神社会的时候，我们找不到关于一个全能的宇宙立法者的非常清楚的说法。事件由谈判、欺骗或者争论来解决，而不由全能的法令来解决。创造行动的开展，听命于委员会，而不根据法令。"[1]

规律是强加于自然的，而非自然内在固有的，这个看法最终被基督教和伊斯兰教采纳了，尽管也并非没有斗争。巴罗讲过圣托马斯·阿奎那"把亚里士多德式的固有倾向看做自然世界的一些方面，那些倾向是按照神意而为神所利用的。然而，在这种协作式的事业中，那些倾向的基本特点不可违背。按照这种看法，神对自然的关系，是神是自然的一个合作伙伴，而不是自然的君主。"[2] 但是，这些亚里士多德式的观念，在 1277 年遭到了天主教巴黎教区主教的谴责，后来代之以作为立法者的神这一教义。肯普索恩（Kempthorn）1796 年的赞美诗对此事做了简明扼要的概括：

> 赞美神！因为神已发出强音。
> 万物守规律，规律永不破。
> 因为规律受神的指引。

追索在自然规律的现代概念的形成过程中起作用的文化和宗教影响，是引人入胜的。中世纪的欧洲，一方面服从于基督教教义，说神的法律表现在自然中；另一方面，得到了大大强化的民法概念，为关于自然规律的科学概念的出现，提供了营养丰富的环境。因此，我们发现，像第谷·布拉赫（Tycho Brahe）和约翰尼斯·开普勒（Johannes Kepler）这样的天文学家，在推演行星运动定律的时候，都相信自己在研究自然的一些井然有序的过程的同时，是在揭示神的理性设计。这种立场得到了法国哲学家和科学家勒内·笛卡尔的进一步阐发，并且被艾萨克·牛顿采纳了，而牛顿的运动定律和万有引力定律催生了科学时代。

牛顿本人强烈相信一个作为设计者的上帝，这个上帝通过固定不移的数学定律来开展工作。在牛顿及其同代人看来，宇宙是上帝构造的一台庞大而壮观的机器。然而，关于这位宇宙数学家和工程师的本性，意见却产生了分歧。他仅仅建造了这台机器，给它上了发条，然后让它好自为之？或者他天天都积极地监督着这台机器的运转？牛顿相信，宇宙免于在引力下分崩离析，仅仅是借助于一个无时不在的奇迹。这种神圣干预,是关于"拾漏补缺的神"的一个经典的例子。这是一个到处潜藏着危险的论点,祸兮福兮全由命运摆布:但愿科学在未来有一个进步,或许能令人满意地把那个窟窿补上。善哉,宇宙的引力稳定性,在今天得到了很好的理解。即便在牛顿时代,他的无时不在的奇迹假定,也遭到了欧洲大陆的那些对手的嘲笑。因此,莱布尼兹奚落他:

> 牛顿先生和他的追随者,对上帝的工作,还有一个极端怪异的意见呢。按照他们那些人的说法,上帝不得不时时为他那架大钟上发条;否则它会停下来。上帝缺乏足够的预见力,没把这钟造得能够永远走下去。……按照我的看法,同样的力量和元气已经一直在世界里存在着。[3]

在笛卡尔和莱布尼兹看来,神是弥漫于宇宙中的整个理性的源头和担保人。正是这种理性,才开启了一扇大门,通向凭借运用人类的理性(本身是来自神的一件礼物)来理解自然。在文艺复兴时期的欧洲,我们如今所谓的那种科学研究的路子,其合理性是相信:从对自然的仔细研究中,一个理性的神(他创造秩序)能被我们辨别出来;而牛顿倒也承认,这个信念的一部分到头来是神的规律是不可改变的。"崛起于西欧的科学文化,"巴罗写道,"我们是其继承人,受着对自然规律的绝对恒定性这种忠诚信念的统治,如此就担保科学事业是有意义的,担保科学会成功。"[4]

【77】

在现代科学家看来,自然就是具有那些已经被观察到的恒常性(我们仍然称之为规律),这就足够了。规律的起源这个问题,一般无人提及。然而,假如不是由于西方的神学,科学还会不会在中世纪和文艺复兴时期的欧洲繁荣起来,思忖此事,是饶有趣味的。中国,比方说,当时拥有一个复杂而高度发展的文化,他们产生的一些技术发明领先于欧洲。日本学者关孝和(Seki Kowa),和牛顿生活于同时,独立发明了微分学和圆周率的算法,但他宁肯把这些构思秘而不宣。李约瑟(Joseph Needham)在研究早期中国思想的时候,写道:"自然规律的密码,竟然可能被解开,被读懂,这份自信是不存在的,因为一个神圣的存在者,比我们自己更明白事理,他编制的密码,竟然能够被凡人读懂,这份把握是不存在的。"[5]巴罗论证说,不存在"一个神圣存在者这一概念,他着手为自然世界上的事情立法,他的法令构成了牢不可破的自然'规律',他为科学事业作担保,"中国科学就被宣布为一个"蹀躞的死产儿。"[6]

东西方科学进展中的不同之处可以追索到神学上的差异,尽管这个说法中毫无疑问是有些真理的,但是另外一些因素也有份儿。西方科学的较大部

【78】

49

分,建立在还原论上;凭着还原论,一个复杂系统的诸多属性,借助于对其组成部分的性能的研究,而得到了理解。举一个简单的例子吧,理解一架波音747客机的全部系统的人,多半连一个也没有;但是,这客机的每一个部分,都得到了某个人的理解。我们高兴地说,这架作为一个整体的客机的运转状态,得到了理解,因为我们相信一架客机仅仅是它的各部分之和。

如此解剖自然系统,我们的这个本事,对于科学的进展,一直是至关重要的。"分析"这个词,常常当作"科学"的同义词来用,表达了这么一个假定:我们能把东西拆开,把它的组件孤立起来研究,以便理解那个整体。即便一个系统复杂得像人体那样,有些人也宣称,也是可以得到理解的,手段是了解单个基因的作用,或者说了解统治着构成我们细胞的那些分子的那些规则。如果说我们不理解整个宇宙,也就不能理解其有限的部分,那么科学将是一桩没有希望的事业。然而,实体系统的这种可以分析的品质,并不像曾经认为的那样普遍。近些年来,科学家们终于意识到,越来越多的系统必须得到整体性的理解,否则就完全不可理解。这些系统用方程式在数学上来得到描述,是所谓"非线性的"。[更多的细节,见于我的书《宇宙蓝图》(*The Cosmic Blueprint*)和《物质神话》(*The Matter Myth*)。]头一批科学家全神贯注于线性的实体系统,此事或许仅仅是历史上的一桩偶然事件;如太阳系,特别适合于分析技巧,特别适合于还原论方法。

"整体性科学"在近些年的走红,促成了一系列的新书,最引人注目的是弗瑞特约夫?卡普拉(Fritjof Capra)的《物理学之道》,强调古代东方哲学(偏重于物件之间的整体性相互联系)与现代的非线性物理学之间的那些相似之处。我们能够下结论说,东方哲学和神学毕竟优越于西方的哲学和神学吗?肯定不能这么说。我们如今充分认识到,科学进展既需要还原论方法,也需要整体性方法。事情不是这个对、那个错这么一个问题,就像某些人喜欢主张的那样,而是需要两种互补的方式来研究物质现象。饶有趣味的事情,是还原论毕竟是管用的。我们不知道每一件事情,却能够知道某些事情,世界为什么是以这么一种方式构造的呢?这是我将在第六章中探索的一个话题。

宇宙密码

[79] 科学的崛起与理性时代的到来,带着关于宇宙中隐藏着秩序这么一个观念;那种秩序,在形式上是数学的,能够被别出心裁的调查揭示出来。然而,在关于原因与结果的原始思考中,直接的联系立刻而明显地呈现给感官;而自然规律被科学所发现,此事却微妙得多。比方说,任何人都看得见苹果落下来,

但牛顿的平方反比的万有引力定律,却需要特别而系统的测量,然后才可能展示出来。更重要的是,它需要某种抽象的理论框架(明显是数学性质的),作为那些测量活动的一个背景。我们感官搜集的原始数据立在那里,不是直接就可以被理解的。把原始数据联系起来,把它们编织进一个理解框架之中,需要一个中间的步骤,此步骤谓之"理论"。

这么一个理论是微妙的,是数学的,这个事实可以如此发人深省地表达出来:自然规律是用密码写的。科学家的工作是"打破"宇宙密码,并借此揭示宇宙的秘密。海因兹·裴格士(Heinz Pagels)的书《宇宙密码》,如此表达之:

> 宇宙有秩序,自然规律统治这种秩序,自然规律并不直接而明显地呈现给感官,尽管这个观念非常古老,却仅仅是在最近的三百年里我们才发现了一种方法(科学的实验方法),用来揭示这种隐藏着的秩序。这种方法太有力量,科学家们知道的关于自然世界的每一件事情,实际上都来自它。他们发现的东西,是宇宙的构造确实是按照一些看不见的规则来建立的。我把那些规则称做宇宙密码——"神工"(Demiurge)的建筑密码。[7]

像在第一章里解释的那样,柏拉图想象了一位善良的工匠——"神 【80】工"——他创造宇宙,用的是一些数学原理,这些原理建立在对称的几何形式上。由柏拉图的"理式"构成的这个抽象的领域,借助于被柏拉图称为"世界灵魂"的一个微妙实体,与感觉经验的日常世界相联系。哲学家沃尔特·迈尔斯坦(Walter Mayerstein)把柏拉图的"世界灵魂"比作关于数学理论的现代概念,那就是用一些原则(建造宇宙所根据的那些原理)把我们的感觉经验联系起来的那个东西,并且为我们提供了所谓理解力的那种能力。[8]在现代,爱因斯坦也坚称,我们对世界上的事件的直接观察,一般是不可理解的,而必须联系于一个潜在的理论层面。1952年5月7日,爱因斯坦在给索洛文(M. Solovine)的一封信里写道,"由观念构成的世界,与可以体验的世界,这二者之间的联系总是成问题的。一个世界和另一个世界和谐一致,靠的是一种'逻辑之外的(直觉的)'程序。"[9]

用计算机作比喻,我们可以说:自然规律编码一段信息。我们是这段信息的接收者,这段信息通过我们称之为科学理论的那么一条管道传达给了我们。在柏拉图看来,他身后的许多其他人也是一样,这条信息的发射器是宇宙建筑师。如我们将在接下来的几章中看到的那样,关于世界的全部信息,在原则上都能够呈现在二进制(1和0)的形式中,这是最便于计算机处理的那种形式。

51

"宇宙，"迈尔斯坦声言，"可以被模拟为巨大的一串 0 和 1;科学事业的目的，无非就是试图解码和复原这个数字序列,意在试图理解这段'信息',从中搞出意思来。"关于那段"信息"的本质,有什么可说的呢?"相当明显,如果那段信息是用密码写的,这就预先假设:在那串 0 和 1 的排列中,存在某种模式或者结构;一串全然随机或者混乱的数字,必定被认为是不可解码的。"[10]因此,存在的是和谐的宇宙,而不是一团混乱,这个事实可以归结为那串数字的一些模式化属性。在第六章中,我将进一步探究这些属性的本质到底是什么。

规律在今天的地位

【81】 许多人,包括一些科学家,喜欢相信:宇宙密码包含一条来自一个编码者为我们写的真实信息。他们主张,这种密码的存在本身,就是一个证据,证明一个编码者是存在的,证明那条信息的内容告诉我们关于他的某种事情。另一些人,如裴格士,发现不了什么能证明一个编码者存在的证据:"宇宙密码的那些怪异特征之一,就我们能够说出的东西而言,是'神工'(Demiurge)把自己从那种密码中写了出来———一条陌生的信息,却没有关于一个陌生人存在的证据。"因此,自然规律就成了一条没有发送者的信息。裴格士并不为此烦恼。"神是这条信息,或者神写了这条信息,或者这条信息写了它自己,对我们的日子而言,都是不重要的。我们可以放心地扔掉关于一位'神工'这么一个想法,因为不存在什么能够证明自然世界的创造者存在的任何科学证据,没有证据支持自然中存在超越自然规律的意志或者目的。"[11]

只要自然规律植根于神,它们的存在就不比物质的存在更不同凡响,物质也是神创造的嘛。但是,如果对规律的神圣支撑被撤掉了,规律的存在就变成了一个深刻的神秘。它们来自何处? 谁"发出了那条信息"? 谁设计了密码? 规律就在那儿(随便漂着,姑妄言之),还是我们应该把自然规律这个说法本身抛掉,权当它是往昔的宗教遗留下的一种不必要的妄想?

为了把握这些深刻的问题,让我们看一眼:科学家用规律(law)这个词,究竟是什么意思? 人人都同意,自然的运行展现出令人瞩目的惯常性。比方说,行星的轨道以简单的几何形状来描述;行星的运动展现出清晰的数学节奏。模式和节奏也被发现于原子及其组份之内。连日常所见的那些构造物,如桥梁和机器,一般也以某种有序的、可以预言的方式行为。基于这么一些经验,科学家们用归纳推理来论证说:这些惯常事例就像法律。如在第一章解释的那样,归纳推理没有绝对的可靠性。仅仅因为太阳在你一生里都天天升起,没有什么保证说它因此在明天还会升起。它还会升起(确实存在可以信赖的自然惯常事例),这个信念是信仰性质的,却是科学进步的一个必需的信仰。

自然的惯常事例是真实的,理解此事是重要的。有时有人论辩说,自然规律(试图系统地捕捉这些惯常事例)是我们的心灵强加于世界的,以便理解世界。人类的心灵确实有一种倾向,要去识别出一些模式,甚至想象出一些模式(其时那种模式一个都不存在),这么说肯定是对的。我们的祖先,在星星之间看到了动物和神,而且还发明了星座。我们大家都在云朵、岩石和火焰中寻找人的脸相。然而,我相信,说自然规律是与此类似的人类心灵的投射物,任何这样的暗示都是荒谬的。自然中的惯常事例的存在,是一个客观的、数学性质的事实。另一方面,在课本中找得到的那些被叫做规律的陈述,明显是人类的发明,却是用来反映(尽管不完美)自然的那些确实存在着的属性的发明。如果不假定这些惯常事例是真实的,那么科学就沦落为一种没有意义的猜字游戏。

为什么我不认为自然规律仅仅是我们炮制出来的,另一个理由是规律帮 【82】助我们揭示关于世界的新事情,有时是我们根本想不到的事情。一个有力量的规律的标志,是超过了对那个原初现象(搞出这个规律,就是为了解释这个现象)的可靠描述,把别的现象也联系起来了。比方说,牛顿的万有引力定律,为行星运动提供了一个准确的解释,但它也解释了海潮、地球的形状、宇宙飞船的运动,以及其他许多现象。麦克斯韦的电磁理论,大大超过了对电和磁的描述;通过解释光波的本质,预言了无线电波的存在。真正基础性的自然规律,因此就在不同的物理过程中建立起了深刻的联系。科学史表明,一旦一个新规律被接受了,它的推论也就迅速被琢磨出来,这个规律就在许多全新的背景下得到了检验,常常导致对意料之外的、重要的新现象的发现。这使我们相信,在进行科学的过程中,我们在揭示一些真实的惯常事例和联系,我们在把这些惯常事例从自然中解读出来,而不是把它们写进自然。

即便我们不知道自然规律是什么,或者不知道它们从哪儿来,我们仍然可以列举它们的属性。令人不解的,是规律已经被赋予了许多品质,那都是以前正儿八经地归于神的品质,而神曾经被设想是规律的来源。

最重要的是,规律是普遍的。一个规律,仅仅有时候管用,或者在一个地方管用,在另一个地方失灵,就不好。规律被屡试不爽地用于宇宙各处,被用于宇宙历史的全部时代,没有什么例外情况是允许的。从这种意义上说,规律也是完美的。

其次,规律是绝对的。规律不依赖于任何别的东西。它们特别地不依赖 【83】于谁在观察自然,不依赖于世界的实际状态。物理状态受规律的影响,而不是相反。确实,科学世界观的一个关键因素,是统治一个实体系统的那些规律,与那个系统的状态相分离。在科学家谈论一个系统的"状态"的时候,他或她的意思是那个系统在某一时刻的实际物理条件。为了描绘一个状态,你必须提供那个系统特有的全部物理量的值。比方说,一种气体的状态能够得到确定,手段是提供它的温度、气压、化学成分等等(如果你感兴趣的仅仅是它的一些大体特征的话)。对这种气体的状态的一个更完整的确定,将意味着提供全部组成分子的位置与运动的细节。这种状态并非某种固定不变的东西,也不是神赋予的,它一般随着时间而变化。与此不同,规律为处于许多相继时刻的许多状态提供联系,规律不随时间变化。

于是,我们走到了自然规律的第三个、也是最重要的属性:规律是永恒的。规律的非时间性的永恒特点,反映在用于为物质世界提供模型的那些数学结构中。比方说,在经典力学中,动力学定律体现在一个名为"哈密顿函数"的数学对象中,这个函数在某种名为"相空间"的东西里发挥作用。这些都是技术性的数学构造物,它们的定义不重要,重要的是哈密顿函数和相空间是固定不变的。另一方面,系统的状态由一个处于相空间的点来表示,而且这个点随着时间到处运动,这表示随着这个系统的演化而发生的状态变化。重要的事实是:哈密顿函数和相空间本身独立于代表点的运动。

第四,规律是全能的。这么说,我的意思是:没有什么东西能够逃脱规律。在宽松的意思上,规律也是全知的,因为,如果我们同意使用规律"命令"实体系统这个比喻的话,那么系统不必把自己的状态"通知"规律,以便规律为那个状态"就合适的指令进行立法"。

这些在很大程度上是大家普遍同意的。然而,在我们考虑规律的地位的时候,一种分裂出现了。是把规律看做关于现实的一些发现呢,还是规律仅仅是科学家们的一些怪机灵的发明?牛顿的平方反比的万有引力定律,是关于真实世界的一个发现(碰巧被牛顿挖出来了)呢,或者这个定律是牛顿的发明(做出来是试图描述那些被观察到的惯常事例)?换一种方式说,牛顿揭示了关于世界的客观真实的某种东西呢,还是他不过是发明了一个关于世界的一个部分的数学模型(这个模型用来描述这个世界部分,碰巧很有用)?

【84】　用来讨论牛顿定律的运作的那种语言,反映对前一种立场的强烈偏爱。物理学家们谈论行星"遵守"牛顿定律,好像行星是一个生性反叛的实体,如果它不被强迫地"服从"规律,它就会成了一个杀人狂似的。这造成了这么一个印象:规律不知怎么"就在那儿",静以待变,行星无论什么时候开始动,无论在哪儿动,规律立刻相伴而生。养成了这么一种描述事情的习惯,那就很容易把

一种独立地位归于规律。如果规律被认为拥有这么一种地位，那么规律据说就是高高在上的，因为规律高于实际的物质世界本身。但是，这么说真有道理吗？

规律的分离而超然的存在，怎么可能建立起来呢？如果规律只通过实体系统才展现自身（采取实体系统的行为方式），那么我们就永远不可能把宇宙"背后"的东西放在如此这般的规律中。规律在物质的东西的行为里。我们观察东西，不观察规律。但是，如果我们必须通过规律在物质现象中的表现，才可能抓住规律，那么我们有什么权力把一种独立的存在归于规律呢？

在这里，一个帮得上忙的类比，是计算机运作中的硬件概念和软件概念。物理学规律相当于软件，物理状态相当于硬件。（应该承认，这有些扯紧了"硬"这个词的用法，如包括在物质宇宙的定义中的有朦朦胧胧的量子场，甚至有时空本身。）前面提到的那个问题，于是可以如此表述：存在一个独立存在的"宇宙软件"（一个为一个宇宙而设计的计算机程序）吗，它囊括全部的必然规律？如果没有硬件，这个软件能存在吗？

我已经表明了我的信念，即自然规律是关于宇宙的真实而客观的真理，我们发现之，而非发明之。但是，全部已知的基本规律，被发现在形式上是数学的。为什么事情是这样？这是一个重要而微妙的话题，需要对数学的本质调查一番。我将在随后的几章中处理这个问题。

某物"存在"是何意思？

如果物质现实以某种方式建立在物理学规律之上，那么这些规律必定有一个在某种意义上的独立存在。我们能把什么形式的存在归于像自然规律这种如此抽象而朦胧的东西呢？

让我从某种具体的东西开始讲起——比方说，混凝土。我们知道混凝土存在，因为（用约翰逊博士的名言来说）我们能够踢它，我们也能看它，也能闻它：混凝土直接影响我们的感官。但是，关于一块混凝土的存在，有比触觉、视觉和嗅觉更多的东西。我们也做出这么一个假定：即混凝土的存在是某种独立于我们感官的东西。混凝土确实"就在那儿"，并且继续存在，即便我们不摸它、不看它、不闻它。就是说，这当然是一个假说，却是一个合理的假说。真正发生的事情，是根据反复的检查，我们收到相似的感觉资料。在接连的场合收到的感觉资料之间的联系，使我们能够认出这块混凝土，并且确定之。接着，搞出我们的现实模型，是比较容易的，根据是：这块混凝土有独立的存在，然后假定在我们看别处的时候，它就突然消失；在我们每次看回去的时候，它就乖

【85】

55

乖地再次出现。

所有这些说法,似乎都易于惹起争端。但是,并非全部据说存在的东西,都像混凝土那么具体。比方说,关于原子,怎么说呢？原子小得不可看,不可触,以任何方式都不可直接感觉到。我们关于原子的知识,是间接而来的,通过居间的仪器,来自仪器的资料必定经过了处理和解释。量子力学把事情搞得更糟糕。比方说,同时把一个确定的位置和一种确定的运动归于一个原子,是不可能的。原子和亚原子粒子住在半存在的某种影影绰绰的世界里。

然后,还有一些更抽象的实体,如场。一个物体的引力场肯定存在,但你踢不得它,更不要说看它、闻它了。量子场更加朦胧,由不可见的能量的那些发抖的模式构成。

但是,不那么具体的存在,不只是物理学的专有领地。甚至在日常生活中,我们使用像公民权或者破产这样的概念,尽管这些概念摸不得、看不到,却很真实。另一个例子是信息。如此这般的信息不可能被直接感觉到,这个事实不会贬低"信息技术"在我们生活中的真实的重要性。在信息技术中,信息被保存,被处理。相似的说法适用于计算科学中的软件这个概念,以及软件工程这个概念。当然,我们或许能够看得见、摸得着信息储存的媒介物,如一张光盘或者一个芯片,但是,我们不能直接感知这些东西上的信息。

【86】还存在由主观现象(如梦境)构成的整个领域。梦中的物件,不可否认地享有某种存在(起码对做梦的人而言),但比混凝土块,在性质上却全然是不那么实在。思想、感情、记忆和感受,也与此相似:它们不可能被贬为不存在,尽管它们存在的性质,不同于"客观的"世界的性质。和计算机软件相似,心灵或者灵魂或许依赖于某种具体的东西(大脑)才得以**显现**,但这不会把心灵搞得具体。

还有一个范畴的东西,大体上被叫做文化的东西——比方说,音乐或文学。贝多芬交响乐的存在,狄更斯作品的存在,不能简单地等同于他们写的那些手稿的存在。宗教或者政治也不能仅仅等同于身在其中的那些人。所以这些事情,在一种不那么具体、却也重要的意义上,也是"存在"的。

最后,存在数学和逻辑这个领域,存在科学的核心关怀这个领域。它们的存在的本质是什么？在我们说存在某个定理的时候,比方说,关于素数的定理,我们的意思不是说我们可以踢一踢这个定理,好像踢一块混凝土那样。然而,数学不可否认地拥有某种存在,尽管是抽象的。

我们面对的问题,是物理学规律是否享有一个超然的存在。许多物理学家相信是这样。他们谈论物理学规律的"发现",好像那些规律已经"在"某个地方似的。当然,应该承认,我们今天所谓物理学规律的那些东西,仅仅是对于一套独一无二的"真正的"规律的一种尝试性的近似说法;但是,我们仍然相信,随着科学的进步,那些近似说法也变得越来越好,而且还指望着有朝一日我们会得到那套"正确的"规律。在此事发生的时候,理论物理学就臻于完善了。这么一种登峰造极的境界坐落于不远的将来,正是这么一个期望,才敦促斯蒂芬·霍金把他出任剑桥大学"卢卡斯教席教授"的首场讲座起名为"理论物理学的终结指日可见吗?"

然而,并非所有的理论物理学家都觉得超然的规律这个想法那么叫人舒 【87】
服。詹姆斯·哈特尔评论说,"科学家,和数学家一样,勇往直前,好像他们学科的真理拥有一个独立的存在似的……好像存在独一无二的一套管理宇宙的规则似的,这套规则的实在性处在它统辖的这个世界之外"。他论证说,科学史里到处都是例子,曾几何时被视为少不得的基本真理的东西,到头来却是可以少的,是特别的。[12]地球是宇宙的中心,走过了好几个世纪,无人质疑,直到我们发现宇宙仅仅看起来是那个样子,那是因为我们坐落在地球的表面上。三维空间里的直线和角,遵守欧几里得几何学的那些定理,此说也被设想为基本而必不可少的真理,到头来这也仅仅归因于这么一个事实:我们住在空间和时间的一个引力相对微弱的区域里,因此空间曲率长久不曾引起注意。哈特尔暗自玩味:世界还有多少别的特色,或许也以相似的方式归因于我们在世界上的特殊视角,而非一个深刻而超然的真理的结果? 自然的傲然独处融入了"尘世","规律"或许是其中的一种可有可无的特色而已。

按照这个观点,不存在什么独一套的规律(科学向它汇聚)。我们的理论(规律包含于其中),哈特尔说,不可能游离于我们身在其中的环境因素。这些环境因素包括我们的文化和进化史,包括我们搜集的那些关于世界的特定数据。一个外星人文明,有不同的进化史、文化和科学,可能构造出大不相同的规律。哈特尔指出,许多不同的规律能够被整饬一番,而符合某一套数据,而我们永远也拿不准我们是否得到了那套正确的数据。

起　初

规律自身并不完整地描述世界,知道此事,很是重要。确实,我们阐述规律,整个的目的是要把不同的物理事件联系起来。比方说,向半空里抛出的一个球,将因循一条抛物线路径,这是一条简单的规律。然而,存在许多不同的抛物线。有些高而瘦,另一些矮而胖。一个特殊的球所因循的那条特殊的抛物线,将取决于抛射的速度和角度。这些是所谓"初始条件"。抛物线定律加上初始条件,以独一无二的方式决定那个球的路径。

于是,规律是一些关于现象类别的陈述。初始条件是一些关于特殊系统的陈述。在操作其科学活动的时候,实验物理学家常常要选择或者炮制某种初始条件。比方说,在著名的落体实验中,伽利略同时释放质量不同的物件,为的是演示它们同时撞到地面上。相比之下,科学家不能选择规律;规律是"神授的"。这个事实为规律赋予了比初始条件高得多的地位。初始条件被视为某种偶发的、易受影响的细节,而规律是基本的、永恒的和绝对的。

【88】　在自然世界里(在实验者控制范围之外),初始条件是自然为我们提供的。撞击地面的冰雹,不是伽利略以某种预先确定了的方式扔下来的,而是上层大气里的一些物理过程产生出来的。与此相似,在一颗彗星沿着一条特别的路径进入太阳系的时候,那条路径决定于这颗彗星发祥地的那些物理过程。换言之,初始条件附丽于相关的一个系统,能够被追踪到更宽广的环境。你于是就可以问那个更宽广的环境的初始条件。为什么冰雹形成于大气里的那个特别的点?为什么云彩形成于此处而非彼处?如此等等。

容易看得出来,因果关系性的互相联络网,迅速朝外散布开来,直到这个网把全宇宙一网打尽。然后怎么说?宇宙的初始条件这个问题,引导我们回溯到大爆炸,回溯到物质宇宙的起源。在这里,游戏规则发生了戏剧性的变化。对一个特别的实体系统而言,其初始条件仅仅是一个偶发的特色,通过诉诸一个较早时刻的更宽广的环境,总能够得到解释;然而,说到宇宙的初始条件,就不存在什么更宽广的环境,也不存在什么较早的时刻。宇宙的初始条件是"现成的",正如物理规律是"现成的"。

大多数科学家把宇宙的初始条件视为完全处在科学的范围之外。和规律一样,宇宙的初始条件必得干脆作为一桩粗糙的事实而被接受下来。具有宗教性的心灵框架的那些人,诉诸神以解释之。无神论者倾向于把初始条件视为随机的或者武断的。尽可能地解释世界,而不诉诸特别的初始条件,正是科学家的本职。如果凭借假定宇宙以某种方式开始,以此解释世界的某种特色,那就完全不曾提供什么真正的解释。你仅仅是说,世界就是它的那个样子,因为它就是它的那个样子。因此,诱人之事就一直是以非常敏感的方式建造关于宇宙的理论,这种理论不依赖于初始条件。

【89】　如何成就此事,热力学提供了一条线索。如果有人给我一杯热水,我知道它第二天会凉。另一方面,如果有人给我一杯凉水,我就说不上来前一天或者更前一天它是不是热的,也说不上来它是不是热过。你或许说,这杯水的受热史的细节(包括其初始条件),被一些热力学过程抹掉了,那些热力学过程导致

它与其环境达成了热平衡。宇宙学家已经证明：与此相似的一些过程，也能抹去宇宙的初始条件的细节。仅仅根据宇宙在今天是何情形，来推断宇宙是怎么开始的，于是就不可能了；极端粗疏的说法，另当别论。

让我举个例子。宇宙在今天仍然在膨胀着，在每个方向上速度相同。这意味着大爆炸是各向同性的吗？不见得。事情可能是这样：宇宙以一种混乱的方式开始膨胀，在不同的方向上速度不同，这种混乱被一些物理过程弄平滑了。比方说，摩擦效应能够减缓膨胀过快的那些方向上的运动。另一种方式，按照在第二章简略提过的那个时髦的暴胀宇宙论的情节[1]，早期宇宙经历了一个加速膨胀的阶段；在这个阶段中，全部初始的不规则状态都被拉扯得不存在了。最终的结果，是这么一个宇宙：空间高度一致，膨胀模式平滑。

许多科学家觉得如下这个想法很有吸引力：我们如今观察到的宇宙状态，相对地不受它开始大爆炸的方式的影响。这个想法无疑部分地归因于对宗教的特创论的反对，但也是因为这个想法使我们不必对宇宙在其很早阶段的状态搔首踟蹰了；很早阶段的物理条件很可能是极端的。另一方面，清楚的是，初始条件不可能被完全忽略。我们可以想象一个宇宙，和我们的宇宙同龄，但其形式非常不同，然后我们设想它按照物理学规律在时间中向往昔进化，走向大爆炸。有些初始状态将被发现出来；那些初始状态于是就导致了那个不同的宇宙的发生。

究竟是什么初始条件导致了我们的宇宙，你可以总是这么问：为什么是那些初始条件？鉴于宇宙能够开始的方式是无限多样的，那么为什么它以它开始的那种方式开始？关于那些特别的初始条件，或许有什么特殊的东西吧？人们不禁要假定，那些初始条件不是武断的，而是符合某种深刻的原则。毕竟，大家一般都承认物理学规律不是武断的，却是能够囊括进一些干净利索的数学关系中的。一个干净利索的数学性质的"初始条件定律"是存在的，这难道不可能吗？ 【90】

这么一个提议，已经由好几个理论家推出来了。罗杰·彭罗斯，比方说，已经证明：如果初始条件是随机选择的，得到的宇宙就极端可能是高度不规则的，包含着庞大的黑洞，而非分布相对均匀的物质。一个像我们的宇宙这样均匀的宇宙，打从开始就需要非同一般的精细微调，宇宙的全部区域才能以交响乐队般的细致方式来膨胀。彭罗斯用了一个关于造物主的比喻，这个造物主拿着一张无限长的"购物单"，上面写的是可能的初始条件。彭罗斯指出，这位

---

〔1〕对这个理论的详细描述，参见我的书《超力》（*Superforce*）。

造物主需要非常仔细地通读这个单子,然后才找得到合适的选项,以导致像我们的宇宙的那么一个宇宙。紧紧按住随机性不撒手,这个策略几乎肯定一败涂地。"在这个方面,我们不想诋毁造物主的能耐,"彭罗斯评论说,"我坚信,寻找物理学规律,以解释(或者至少是以严整的方式来描述)现象的精确性的本质(我们如此频繁地在自然世界中观察到那些运作方式),乃是科学的义务之一。……因此,我们需要一条物理学规律,以解释那个初始状态的特殊性。"[13]彭罗斯倡议的这条定律是:宇宙的初始状态,打从开始就身不由己地要拥有一种特有类型的平滑性,而不需要什么暴胀或者其他的修匀过程。其数学细节,就用不着我们操心了。

另一个提议,哈特尔和霍金在他们的量子宇宙学理论的背景中已经讨论了。在第二章,我提过,在这个理论中,不存在什么"第一时刻",没有什么创造事件。宇宙的初始条件这个难题,因此就凭借完全作废初始事件而被作废了。然而,为成此目的,宇宙的量子态必须受到严酷的限制,不仅在开始受限制,而且时时受限制。关于这么一种限制,哈特尔和霍金提供了一个确切的数学公式,这个公式实际上扮演着"初始条件定律"的角色。

[91]　　一种初始条件定律,不可能被证明是对的或者错的,也不能得自既有的物理学规律;意识到此事,是重要的。任何这种定律的价值,像全部的科学建议一样,坐落在它预言可观察的结果的能力上。确实,理论家觉得某个特别的建议有吸引力,理由是数学的优雅和"当然性",但是这么一种哲学性质的论点,难以辩护。哈特尔—霍金建议,比方说,被整饬得很是符合量子引力的形式主义,而且在那个背景之下,看上去颇有道理、很是自然。但是,假如我们的科学是以不同的路子发展的,那么哈特尔—霍金定律或许就显得非常武断、非常勉强了。

不幸的是,跟踪哈特尔—霍金理论的观察性结果,不容易。这两位作者声言,它为宇宙预言了一个暴胀的阶段(这与最近的宇宙学风尚相协调),而且有朝一日也会说出关于宇宙的大尺度结构的一些话——比方说,众星系如何趋向于簇集成群。但是,在观察基础上,选出独一无二的定律,似乎少有希望。确实,哈特尔已经论证说(见英文版第168页),这样的独一无二的定律是不存在的。无论如何,某一个建议,要选择整个宇宙的一种量子态,对于精细程度上的细节,如一颗特别的行星的存在,更不提一个特别的人的存在,将没有太多的话要说。这个理论的量子本性管保(因为海森堡的不确定性原理)这种细节一如既往地不确定。

把规律和初始条件两相分开,是过去分析动态系统的全部尝试的特点,这或许更多地要归因于科学史,而不归因于自然世界的什么深刻属性。课本告诉我们,在一个典型的实验中,实验者创造了一个特别的物理状态,然后观察发生的事情——就是说,这个状态如何演化。这种科学方法的成功,坐落在结果的可复制性上。如果重复这个实验,用的是相同的物理学规律,但初始条件却在实验者的控制之下。因此,在规律和初始条件之间,就存在一个清楚的功能性的分离。然而,说到宇宙学,情况不同了。只存在一个宇宙,因此重复实验一说无的放矢了。另外,我们不能控制宇宙的初始条件,一如我们不能控制物理学规律。物理学规律与初始条件之间泾渭分明的区别,因此就失效了。哈特尔猜测,"在一个更一般的框架中,存在某些更一般的原则,这些更一般的原则既决定着初始条件,也决定着动态,此说是不可能的。"[14]

我相信,关于初始条件的这些建议,强烈地支持柏拉图的观点,即规律就在"那儿",超越于物质宇宙。有时候有人论辩说,物理学规律随着宇宙进入存在。如果事情是这样,那么那些规律就不可能解释宇宙的起源,因为那些规律直到宇宙存在了才会存在;在谈到某种初始条件定律的时候,此说就更扎眼地明显。在哈特尔—霍金的方案中,不存在能用到他们的定律的真实的创造时刻。然而,这个方案仍然被提出来,作为为什么宇宙拥有它拥有的那种形式的一个解释。如果那些定律不是超然的,你就不得不承认宇宙仅仅是**在那儿**,是一桩生糙的事实,就像一个包裹似的,包着内置于其中的那些规律所描述的五花八门的特色。但是,说到那些超然的规律,在解释为什么宇宙像它存在那样存在的时候,在你的解释之前就有一些先在的东西。【92】

物理学的超然规律,是柏拉图完善的"理式"王国的现代对等物;超然的规律发挥图纸的作用,以便建造那个与我们的感知相关的、流变的影子世界。实际上,物理学规律被构造为数学关系,因此在我们寻找现实的基础的时候,我们必须现在就转向数学的本质,转向数学是否存在于一个独立的柏拉图式的王国中这一难题。

第四章　数学与现实

【93】　　没有哪个学科像数学这样，最能展示两种不同的文化表现（艺术与科学）之间的分裂。对门外汉而言，数学是一个讨厌的专业世界，怪异而抽象，到处都是离奇的符号和复杂的程序；它是一种钻不透的语言，一种玄暗的妖术。对科学家而言，数学是精确性与客观性的担保。令人惊讶的是，数学竟然也是自然本身的语言。那些给挡在数学门外的人，没有一个能够充分理解自然秩序的意义；以非常深刻的方式，自然秩序被织成了物质现实的织物之中。

　　因为数学在科学中有不可缺少的作用，许多科学家（尤其是物理学家）就把物质世界的终极真实性投在数学中。我的一位同事曾经说，在他看来，世界无非是数学的零零碎碎。在普通人看来，这种看法似乎令人吃惊。普通人对现实的看法，紧密联系于对物质对象的感知，他们对数学的看法是：数学是神秘难解的消遣方式。然而，数学是能让内行人着手解开宇宙秘密的钥匙，此论和这个学科一样古老。

魔力数

【94】　　提到古希腊，大多数人就想到了几何学。今天，孩子们学毕达哥拉斯定理，学欧几里得几何学的其他原理，以此作为一种发展数学思维和逻辑思维的练习方式。但是，对希腊哲学家们而言，他们的几何学代表的东西，远多于一种智力训练。数和形的概念，让他们心醉神迷，结果他们在数和形的基础上，构造了一个完整的宇宙理论。用毕达哥拉斯的话说："数是万物的尺度。"

　　毕达哥拉斯本人生活于公元前六世纪，创立了一个由哲学家组成的学派，是为"毕达哥拉斯学派"。他们确信，宇宙秩序建立在数字关系的基础上，而且他们为某些数和形式赋予了神秘意义。比方说，他们对 6 和 28 这样的"完全"数，怀有特别的敬意：完全数是其除数之和（如 $6 = 1 + 2 + 3$）。最大的尊敬为10这个数保留着，10是所谓神圣的"四元体"，是前四个整数之和。把点排列为各种各样的形,他们构造了三角形数(如 3、6 和 10),平方数(4、9、16 等等),诸如此类。平方数 4 成了正义和互惠的象征,在一些短语中仍然保留着这个意思的微弱的回声,如"a square deal"("四四方方的交易",即公平交易)以及"being all square"("四方对四方",即旗鼓相当)。10 的三角形表示法,被奉为一个神圣符号,在开启礼上,人们向这个符号发誓。

毕达哥拉斯发现了数在音乐中的作用,这强化了毕达哥拉斯信徒对数字命理学力量的信念。他发现,产生和谐音的琴弦的长度,彼此有简单的数值关系。比方说,八度音阶对应于比例 2:1。我们的词"rational"("合理",本意是"合乎比例的")来自毕达哥拉斯信徒赋予一些数的那种伟大的启发意义,那些数是用整数构成的比例数,如 3/4 或者 2/3。确实,数学家们至今仍然把这些数叫做"有理数"。因此,当希腊人发现 2 的平方根**不可能**表达为由整数构成的比例数的时候,他们深感不安。这是什么意思呢?想象一个正方形,各边长度都是一米。接着,根据毕达哥拉斯自己的定理,它的对角线的长度,就是 2 的平方根。这个长度大致是 7/5 米,一个更好的近似值是 707/500 米。但是,其实不存在什么精确的分数能够表达它,无论分子和分母有多么大。这类数仍然被称做"无理数"。

毕达哥拉斯信徒把他们的数字命理学运用于天文学。他们设计了一个由 9 个同心球壳构成的系统,转动起来,表示所知的天体;他们还发明了一个虚构的"对地",来凑成 10 这个神圣的"四元体"。音乐和谐与天体和谐之间的这种联系,象征地体现于如下这个断言:天体在运转的时候发出音乐——天体音乐。毕达哥拉斯的思想深得柏拉图的赞同,在他的《蒂迈欧篇》中,柏拉图进一步发展了一个音乐和数的宇宙模型。他进而把数字命理学用于希腊的四大元素——土、气、火和水——并探索各种规则几何形式的宇宙意义。【95】

今天在我们看来,毕达哥拉斯和柏拉图的方案似乎原始而怪异,尽管我确实时不时地从邮箱里收到一些手稿,里头是一些意在揭示原子核或亚核粒子属性的尝试,根据的就是早期希腊的数字命理学。显然,它仍然有一些神秘的魅力呢。然而,这些数字命理学和几何学体系的主要价值,不是它们似乎有理,而是这么一个事实:它们把物质世界看做协调一致的数学关系的展现。这个重要的思想一直存活到科学时代。开普勒,比方说,把上帝说成几何学家,而且他对太阳系的分析深受他所理解的相关数字的神秘意义的影响。现代数学物理学,尽管剥除了神秘的弦外之音,却仍然保留着古希腊人的那个假定:宇宙合理而有序,符合数学原则。

数字命理学方案也被其他许多文化搞了出来,而且渗进了科学和艺术。【96】

在古代近东,数字 1(统一性)常常被等同于作为第一推动者的神。亚述人和巴比伦人把神化了的数派给天体:比方说,金星等同于 15,月亮是 30。希伯来人为 40 赋予特别的意义,这个数在《圣经》中频频出现。魔鬼和 666 有联系,这个数在今天仍然存留着某种潜力,如一个记者曾经报道的,罗纳德·里根总统改变了他在加利福尼亚的地址,以避开这个数。其实,《圣经》把数字命理学深深地编织进了它的文本中,无论是内容还是经文的编排。有些晚起的教派,如诺斯替教派和犹太秘法派,都围绕着《圣经》构造精细而神秘的数字命理学传统。基督教会也不免于这种理论活动。奥古斯丁特别鼓励对《圣经》进行数字命理学研究,以此作为信徒教育的一部分,这种做法延续到中世纪晚期为止。在我们自己的时代,许多文化继续把超自然力量派给某些数或者几何形式,特别的记数程序构成世界许多地方的仪式和巫术的一个重要部分。甚至在我们这个喜欢怀疑的西方社会中,许多人也抓住幸运数字或者倒霉数字的说法不放,如 7 或 13。

这些巫术性质的寓意,模糊了算术和几何学的实用性起源。在古希腊,建立形式几何的定理,是在有了直尺和圆规之后,是在各种视线测量技术之后,这都服务于建筑的目的。出自这些简单的技术开端,一个伟大的思想体系被建立了起来。数和几何的力量令人不得不信服,它就成了一个完整的世界观的基础,连同神本身也出演大几何学家的角色——威廉·布莱克(William Blake)著名的蚀刻版画《古时》(*The Ancient of Days*),把这个比喻表现得很生动:上帝从天堂上俯下身,用圆规测量宇宙。

历史表明,每个时代都把它最了不起的技术用作宇宙的比喻,甚至用作神的比喻。因此,到十七世纪,宇宙就不再从音乐和谐与几何和谐的角度被看做受一位宇宙几何学家的统治,而是以完全不同的方式来看。当时的一项引人注目的技术挑战,是提供准确的航海仪器,特别是为了帮助欧洲人在美洲的殖民活动。确定纬度,对航海家不成问题,因为纬度可以直接通过(比方说)北极星在地平线之上的高度来确定。然而,经度是另一回事,因为地球自转,因此天体横越天空。位置测量必须与时间测量结合起来。就从东向西的航行而言,需要横渡大西洋,准确的钟表是重要的。因此,受了政治和商业回报的强大鼓动,许多精力被投进了海上用的精确计时器的设计上。

【97】 准确的计时法这个兴奋点,在伽利略和牛顿的研究中,找到了理论上的对等物。伽利略把时间用作一个参数,以建立他的落体定律。钟摆的周期与其摆动幅度无关,这个发现也归功于他。他说,这个事实是在教堂里建立的,手段是他掐着自己的脉搏来为一盏吊灯的摆动计时。牛顿意识到时间在物理学

中发挥核心作用,他在自己的《原理》(*Principia*)中宣称,"绝对、真实、数学的时间,就其自身而言,出于它自己的本性,稳定地流动,而与任何外在事物无关。"[1] 因此,时间,一如距离,被认作物质宇宙的一个特色,可以得到测量,在原则上可以达到任意的精确度。

对时间的流动在物理学中的角色的进一步思考,导致牛顿搞出了关于"流数"的数学理论,此即如今所知的微积分。这个形式体系的核心特色,是"连续变化"这个概念,牛顿以此作为他的力学理论的基础。在他的力学中,关于物体的运动定律被确定了下来。对牛顿力学的最令人叹为观止、最成功的运用,是太阳系的行星运动。因此,天体音乐被钟表宇宙这个形象化的说法代替了。有了皮埃尔·拉普拉斯在十八世纪晚期的成就,钟表这个比喻,达成了它最完善的形式。拉普拉斯想象宇宙中的每一个原子,都是一座永远准确的宇宙大钟的一个组件。作为几何学家的神,变成了作为钟表匠的神。

把数学机械化

我们自己的时代,也享有一次技术革命,这次革命已经熏染了我们整个的世界观。我说的是计算机的问世。无论科学家,还是非科学家,对世界的思考方式,都受到了计算机导致的深刻转变。和从前那些时代一样,今天也有一些建议,即这项最近的技术应该被用作一个比喻,来表示宇宙本身的运作。因此,有些科学家已经建议我们应该把自然看做基本上是一个计算**处理过程**。天体音乐和时钟宇宙都被取代了,被"宇宙计算机"取代了,整个宇宙被看做一个巨大的信息处理系统。按照这个看法,自然规律可以被等同于那个计算机的程序,而世界上的那些正在展开的事件,就成了宇宙输出。宇宙起源的初始条件是输入数据。

历史学家如今认识到,计算机这个现代概念可以追溯到古怪的英国发明家查尔斯·巴贝奇(Charles Babbage)的开创性研究。1791 年出生于伦敦附近,巴贝奇是一个富裕的银行家的儿子,这家人住在德文郡的托特尼斯镇。巴贝奇从小就对机械装置感兴趣。他用无论什么弄到手的书,自学数学,然后在 1810 年到剑桥大学上学,带着他个人对于数学这个早已建立的学科的研究路子,满脑子都是计划,要挑战英国正统的数学教学法。和他终生的朋友约翰·赫歇尔(John Herschel)一起,(这位是著名的天文学家威廉·赫歇尔(在 1781 年发现了天王星)的儿子),巴贝奇创立了"分析协会"。这些"分析家"非常着迷于法国科学与工程的力量,认为把大陆风格的数学引入剑桥,是技术与制造业革命的第一步。协会与剑桥的政治当局发生了冲突,他们把巴贝奇及其同伙

【98】

视为好战的极端分子。

离开剑桥之后，巴贝奇结了婚，在伦敦安顿下来，靠着家底过日子。他一如既往地羡慕法国的科学与数学思想，这可能是他认识波拿巴一家的结果，他与大陆的许多人建立了科学联系。到这一步，他对计算机械的实验感兴趣，而且成功地争取了政府的财政支持，以建造他所谓的"差分机"，那是某种类型的加法机。他的目的是产生数学表、天文表和航海表，免于人的错误，也少费劳动。巴贝奇展览了"差分机"的一个小尺寸的工作模型，但是英国政府在 1833年搁置了资金，计划中的那台机器不曾造完。政府意识不到研究需要得到长期支持，这必定是最早例子中的一桩。（我不得不说，起码在英国，从 1830 年代以来，事情少有改观。）到末了，瑞典造出了"差分机"，根据的是巴贝奇的设计，英国政府后来从瑞典那里购买。

不怕缺少支持，巴贝奇构思了一个更强大得多的计算装置，一台通用计算机，他称之为"分析机"。就其关键的组织和结构而言，"分析机"现在被承认是现代计算机的前驱。他花费了大量个人钱财，以期建造这种机器的几个不同的版本，但是没有一个完全竣工。

【99】　巴贝奇是一个冲劲十足、喜欢争辩、惹是生非的人物，他的许多同代人把他贬为骗子。然而，别的不说，速度计、检眼镜、火车头前面的排障器、商店用的钞票单轨吊车、灯塔的编码闪烁的发明权，归于他的名下。他的兴趣囊括政治、经济、哲学和天文学。巴贝奇对计算处理过程的本质慧眼独具，导致他猜测宇宙或许可以被视为某种类型的计算机，由自然规律发挥程序的作用——了不起的先见之明，正如我们会看到的那样。

尽管举止古怪，巴贝奇的天才却得到了恰当的认可，其时他被选为剑桥的"卢卡斯数学教席"教授，牛顿曾经坐在这个位子上。作为一个历史脚注，巴贝奇的两个儿子移民到了澳大利亚南方的阿德莱德，随身带走了那几台机器。与此同时，在伦敦老家，对"差分机"的完全重建，完成于"科学博物馆"。它是按照巴贝奇的原始设计组装起来的，结果证明它的确能像预期的那样做计算。1991 年，在巴贝奇诞辰二百周年的日子（碰巧与法拉第的生日、莫扎特的忌日是同一天），女王陛下的政府，特地发行了一套邮票，以示纪念。

巴贝奇死于 1871 年，此后他的研究大致上是被人忘了，直到 1930 年代才有人记起。另一个不同凡响的英国人艾伦·图灵（Alan Turing）的想象力，使故事得以继续。图灵和美国数学家约翰·冯·诺依曼（John von Neumann）同享荣誉，为现代计算机奠定了逻辑基础。他们的研究工作的核心部分，是"通用计算机"这个概念：一部能执行任何可计算函数的机器。为了解释通用计算的意思,你必得返回到 1900 年,返回到一场著名的演说,演说者是数学家戴维·希尔伯特(David Hilbert)。在演说中,他着手解决他认为的二十三个最重要而突出的数学难题。其中的一个难题是:一个用来证明数学定理的一般程序能否被发现?

希尔伯特知道,十九世纪已经见证了一些颇为惊扰人心的数学发展,其中的一些似乎要威胁数学的整个连贯性。这些发展包括与无穷这个概念相关的一些问题,以及与"自指"有关的各种逻辑悖论(我稍后会论及)。为应对这些忧虑,希尔伯特向数学家们发出了挑战,要求他们发现一个系统程序,以有限的步骤来判断,一个给定的数学陈述是真还是假。当时似乎没有一个人怀疑这么一个程序应该是存在的,尽管着手建立这个程序完全是另一回事。然而,你可能想象这么一个可能性:一个人,或者一个委员会,正在检验每一个数学猜想,手段是盲目地遵循一个规定的运算序列,苦苦地进行到底。确实,人是不相干的,因为这个程序可以被机械化,而机器被造得自动遵循这个运算序列,最后戛然而止,打印出结果"对"或者"错",这要看情况而定。 【100】

以这种方式来看,数学就变成了一个完全是形式的学科,甚至是一个游戏,只管按照确定的规则操作符号,只管建立同义反复的关系,数学不必和物质世界有牵扯。让我们看看怎么会是这样。我们执行一个算术程序,如$(5 \times 8) - 6 = 34$,我们遵循一套简单的规则,以得到答案 34。为了得到正确的答案,我们不必理解那些规则,也不需要知道那些规则来自何处。实际上,我们甚至不必理解像 5 和 × 这样的符号表示什么意思。只要我们把符号认对了,遵循规则,我们就得到正确的答案。我们用一个袖珍计时器就干得了这个活儿,这一事实表明:那个程序完全可以闭着眼执行。

小孩儿初学算术的时候,需要把符号和真实世界里的具体物件联系在一起,因此他们开始把数和手指头或者玻璃球联系起来。然而,再过几年,大多数孩子不亦乐乎地做数学运算,完全是抽象地,甚至都到了用 x 和 y 来代替具体数的地步。那些接着学高等数学的人,学习其他类型的数(如复数)和运算(如矩阵乘法),遵守怪异的规则;这些规则显然不对应于真实世界中的任何东西。还有呢,学生很容易学会如何操作抽象符号,这些符号表示不熟悉的对象和运算,却不担心它们实际上是什么意思(如果有什么意思的话)。因此数学变得越来越是一个对符号进行形式操作的问题,数学开始变得好像什么也不是,仅仅是符号操作。这个观点就是大家知道的"形式主义"。

尽管从表面看似乎有理,对于数学的形式主义解释却在 1931 年遭到了沉重的打击。在那年,普林斯顿大学的数学家和逻辑学家科特·哥德尔(Kurt 【101】

Godel），证明了一个横扫千军的定律，大意是：数学陈述存在，因为没有任何系统程序能够决定这些数学陈述对或者错。这是一个绝对不敢继续谈论的定理，因为它提供了一个不可反驳的证明：数学里的某种东西其实是不可能的，连在原则上也是不可能的。数学中存在**不可判定的**命题，这个事实是一声炸雷，因为它似乎破坏了数学这个学科整个的逻辑基础。

哥德尔定理来自一堆围绕着"自指"这个论题的悖论。考虑一个令人困惑的句子，以此作为对这个盘根错节的话题的简单入门："这个陈述是一个谎言。"如果这个陈述是真对的，那么它就是错的；如果它是错的，那么它就是对的。此类自指性的悖论易于构造，却深深地困扰人心；它们让人迷茫了几个世纪。关于同一个大谜的一个中世纪说法，是这样的：

苏格拉底："柏拉图马上要说的话是错的。"
柏拉图："苏格拉底刚才说得对。"

【102】　　（这个悖论有许多版本：有些见于参考书目。）大数学家和哲学家伯特兰·罗素表明：此类悖论的存在，直接打击逻辑的核心，并且瓦解了任何严格地在某种逻辑基础上直截了当地建立数学的企图。哥德尔继续处理这些与自指相关的麻烦，使之适用于数学这个学科，其手段精彩绝伦、非同寻常。他考虑到了对数学的描述与数学本身之间的关系。这说起来容易，却需要冗长而错综复杂的论证。为了对牵扯其中的事情稍得了解，你可以想象在列举一些数学命题，贴上标签1、2、3……把一串命题组合起来，成为一个定律，于是就相当于把作为它们的标签的自然数组合起来。如此一来，关于数学的逻辑运算，可以被搞得相当于数学运算本身。这就是哥德尔证明的自指性特点的本质。通过把主体与客体等同起来（把对数学的描述映射在数学本身之上），他解开了一个罗素悖论圈，这个圈直接导致不可判定的命题这一不可避免性。约翰·巴罗挖苦说，如果宗教被定义为一个思想系统，这个系统需要对无法证明的真理有信心，那么数学就是这么一种独一无二的宗教：它能证明自己是宗教！

坐落在哥德尔定律核心的关键概念，借助于一个小故事，可以得到解释。在一个偏僻的乡村，一伙儿不曾听说过哥德尔的数学家，相信确实存在一个系统程序，来绝对无误地断定每一个有意义的命题是真还是假，他们就动手演示这个系统。他们的系统可以由一个人来操作，或者由一伙人来操作，或者由一台机器来操作，或者由这一切的部分组合来操作。没有人十分拿得准这些数学家会选择怎么操作，因为那个系统坐落在一个大学的一座大建筑物里，大得像一座庙,一般公众被禁止进入。无论如何,这个系统被命名为"汤姆"。为了考验汤姆的能耐,全部种类的复杂的逻辑陈述和数学陈述都呈给它,然后,在所需要的处理时间之后,一些答案出来了:对、对、错、对、错……没过多久,汤姆的名声就传开了。许多人来参观这个实验室,并且拿出越来越老道的巧智,来叙述更难的问题,意在难住汤姆。没有人难得住汤姆。因此,数学家们对汤姆的绝对可靠性的信心也增加了,他们就劝说他们的国王提供一笔奖金,奖励任何能打败汤姆难以置信的分析能力的人。一天,来自另一个国度的一个旅行者,来到了这个大学,带着一个信封,毛遂自荐,要为那笔奖金而挑战汤姆。信封里是一个纸条,纸条上写着一个陈述,是为汤姆准备的。那个陈述,我们可以给它起个名字"S",写得很简单:"汤姆不能证明这个陈述是对的。"

S被及时给了汤姆。不到几秒钟,汤姆就开始了某种痉挛。半分钟之后,【103】一个技师从那座建筑物里跑出来,带来消息说,由于技术问题,汤姆已经被完全关闭了。出什么事儿了?假设汤姆得出结论说,S是对的,这就意味着"汤姆不能证明这个陈述是对的"这个陈述就被证明是错的,因为汤姆刚刚证明它是对的。但是,如果S被证明是错的,S就不可能是对的;因此,如果汤姆对S说"对",汤姆就得到了一个错误的结论,这与汤姆自吹的绝对可靠性相矛盾。因此,汤姆不能回答"对"。我们因此得到了结论:S其实是对的。但是,在达成这个结论的当口,我们已经表明汤姆不能达成这个结论。这意味着我们知道某个事情是对的,汤姆却不能证明它是对的。这就是哥德尔证明的精髓:总存在某种真陈述,却不能被证明是真的。当然,那个旅行者知道这个,毫无困难地就构造了那个陈述S,并且拿走了奖金。

然而,重要的是要意识到哥德尔定理揭露的限制,关系到逻辑证明的公理方法本身,无关于你要证实(或者反驳)的那些陈述的一个属性。你总是能把在某一公理系统内不可证实的一个陈述的真理搞成在某个扩展了的系统中的公理。但在这个扩展了的系统内,接着就有**其他**不可证明的陈述,如此等等。

对形式主义的如意算盘而言,哥德尔定理是一个毁灭性的打击;但是,一个单纯的机械程序,旨在为研究数学陈述,这个概念却不曾被彻底抛弃。不可判定的命题或许仅仅是些稀少的蹊跷事儿,可以从逻辑和数学中筛出去?如果能找到一个方法,把陈述分为可判定的和不可判定的,那么判定前者是真是假,或许仍然是可行的。但是,找到一个系统程序,以便绝对无误地识别不可判定的命题,并且剔除之,这可能吗?1930年代中期,普林斯顿大学的冯·诺依曼的一位合作者,阿隆佐·邱奇(Alonzo Church),接受了这个任务提出的挑战。他很快就表明,即便这个比较谦逊的目标也是达不到的,起码用有限的步骤达不到。就是说,潜在的真或假的数学陈述可以做出来,而着手用一个系统程序去检查它们有没有真实性也是可能的;但是,这个程序将永远不终结:结果是永远也不可能知道的。

不可计算之物

【104】　　这个难题也得到了艾伦·图灵的处理,他单枪匹马,角度迥异,其时他还在剑桥上学呢。数学家们常常谈论为解决数学难题的"转动手柄的"或者"机械的"程序。让图灵着迷的,是能不能设计一台货真价实的机器,来发挥解数学题这个用处。这么一台机器,不必人类插手,或许就有本事自动判断数学陈述的真实性,奴隶似地遵从一套早决定好了的指令序列。但是,这种机器的结构会是怎么个样子呢? 它会怎么工作呢? 图灵想象出了某种类似打字机的东西,能把符号打在纸上,但有额外的品质,即能读或者能扫描另一些给定的符号;有必要的话,还能把那些符号擦掉。他选定了这么一个主意:无限长的一条纸带,分成一些方格,每个方格只带着一个单独的符号。这台机器将一时移动一格纸带,读那个符号,然后或者保持相同的状态,或者移往一个新状态,这要看它读了什么。在每种情况中,它的反应都纯粹是自动的,都是由这台机器的结构决定了的。这台机器将或者是不理会那个符号,或者是把它擦掉并且打出另一个符号,然后移动一格这个纸带,并且继续。

从本质上说,图灵机仅仅是一个装置,按照先已定好的一套规则,把一串符号转变为另一串符号。这些规则,若有必要,能够被列成表,这台机器每一步的行为都是从这个表上读来的。没有必要真的用纸带和金属以及其他什么材料来建造一台机器,以展示它的那些本领。比方说,很容易搞出一个表,这个表相当于一台加法机。但是,图灵对更有雄心的一些目标感兴趣。他的机器能处理希尔伯特的数学机械化计划吗?

如已经说过的那样,借助于遵循一个机械程序来解决数学问题,此事早就灌输给小学生们了。把一个分数变成一个小数,求出一个平方根,都是好例子。任何一套导致一个答案的有限操作——比方说,以一个数这种形式存在(不见得是一个整数)——显然能够被一台图灵机处理。但是,关于无限长的一些程序,怎么样呢? 比方说,圆周率的小数伸展,没完没了,也似乎是随机的。然而,圆周率或许可能算到任何你想要的小数数位,手段是遵循一个简单的有限规则。图灵把一个数叫做"可计算数",只要运用一套有限的指令,这个数就能以这种方式被产生出来;精确性是无限的,即便完整的答案将是无限长的。

图灵想象了一个列表,上面是全部的可计算数。当然,这个列表本身是无
限长的,乍一看好像每一个能够想到的数都会被包含在这个表中的某个地方。
然而,事情不是这样。图灵能够证明这么一个列表能被用来发现另外一些数
的存在,这些数不可能存在于这个列表的任何地方。由于这个列表囊括全部
可计算数,由此就可以说:这些新数必定是不可计算的。不可计算数,是何意
思?从其定义来看,不可计算数是这么一个数:借助于一个以有限方式定义的
机械程序,它不能被产生出来,即便通过无限数目的步骤也不能。图灵已经表
明:可计算数的一个列表,可以用来产生不可计算数。

这就是他论证的要点。想象一下,我们不处理数,却处理名字。考虑列举
一些由六个字母构成的名字,比方说:Sayers、Atkins、Piquet、Mather、Belamy、Pan-
off。现在,执行如下这个简单的程序。取第一个名字的第一个字母即 S,然后
看在字母表上它后面的那个字母,那就是 T。然后,对第二个名字的第二个字
母、第三个名字的第三个字母等等,做相同的事情。结果是"Turing"。我们绝
对拿得准 Turing 这个名字不可能原本就在原始列表中,因为它和列表中的每
个名字都至少相差一个字母。即便我们本来不曾见过原始列表,我们也会知
道,Turing 不可能在原始列表中。回头看可计算数那个事情,图灵用一个与此
相似的"每一个数中的一个变化"论证来表明不可计算数的存在。当然,图灵
的列表包含无限数目的无限长的数字,而不是区区六个"六字母"的词,但这个
论证的本质是一样的。

不可计算数的存在,已经暗示必定存在不可判定的数学命题。想象那个
可计算数的无限列表。每个数都能用图灵机产生出来。某台机器可以被建造
起来,以计算一个平方根;另一台机器被建造起来,以计算一个对数;如此等
等。如我们刚才看到的那样,这不可能产生出全部的数,即便所用的机器的台
数是无限多的,这是因为不可计算数是存在的,不可计算数是不可能用机器产
生出来的。图灵看准了:实际上,为了产生这个列表,不必使用无限多台图灵
机。

仅仅需要一台机器。他证明了:建造一台通用图灵机,是可能的,它能够
模拟全部其他的图灵机。为什么这么一台通用机器能够存在,理由是简单的。
为任何一台机器的建造提供一个系统程序,其职能就具体:洗衣机、缝纫机、加
法机、图灵机。图灵机是一台自己执行一个程序的机器,这个事实是关键点。
因此,一台通用图灵机可以造得首先读出任何一台给定的图灵机的特性,然后
重建自己内部的逻辑,最后执行其功能。显然,一台能执行全部数学任务的通
用机器的可能性是存在的。你不再需要一台加法机去算加法,一台乘法机去

算乘法,如此等等。仅仅一台机器能干全部的事儿。这隐含在查尔斯·巴贝奇的"分析机"的方案中,但花费了将近一个世纪,艾伦·图灵的天才,加上第二次世界大战的急需,现代计算机的概念才最终成熟起来。

一台机器,仅仅能读、写、擦、动、停,就有本事探究全部能够想象到的数学程序,不在意它们有多么抽象和复杂,此事似乎令人吃惊。然而,这个断言,名为"邱奇—图灵假说",却被大多数数学家所信服。这个假说意味着:无论处理什么数学问题,如果一台图灵机解决不了,就没有人解决得了。"邱奇—图灵假说"带有一个重要的寓意:即用什么结构细节来建造一台计算机。此事实在不重要,只要它具有和一台通用图灵机相同的基本逻辑结构就行,结果将是相同的。换言之,计算机能够互相模拟。如今,一台真正的电子计算机,多半有屏幕编辑功能,有打印机、绘图机、光盘储存器,以及其他老练的设备,但其基本结构就是通用图灵机的结构。

图灵在二十五六岁的时候搞他的分析,其时他思想的这些重要的实际寓意,还有待于后来人去领悟。他的当务之急是希尔伯特把数学机械化的那个计划。关于可计算数和不可计算数的难题,与此直接有关。考虑一下,那个关于可计算数的(无限)列表,每一个数都由一台图灵机产生。想象一下,这台通用图灵机被派给的任务是自己编排这个表,手段是连续地模拟全部的图灵机。第一步是读取每一台机器的结构细节。这就立刻出现了一个问题:这台通用图灵机,在实际进行计算之前,能够从那些细节中说出一个数实际上是能够得到计算的,还是这个计算过程会在某个地方被卡住?"卡住"的意思,是陷在某个计算环路里,无能于打印出任何数字。这就是所谓"停机问题"——通过检查一个计算程序的细节,是否可能提前说出来那个程序将计算某个数的每一位数然后停下来,或者它将陷在一个计算环路里永远停不下来?

[107]图灵表明:停机问题的答案,是一个决定性的"不"。他如此回答,是用了一个聪明的论证。他问道,假定那台通用机器能够解决停机问题,那么,如果这台通用机器试图模拟它自己,那会发生什么?我们回到了那些"自指"难题。可以预料,结果是一次计算癫痫发作。这机器闯进了一个没完没了的圈子中,把自己追得无处藏身。因此,图灵达到了一个怪异的矛盾:这台机器被指望去提前检查一个是否会卡在一个圈子里的计算程序却自己卡在一个圈子里!图灵揭示了关于不可判定命题的哥德尔定理的一个变种。在这个变种中,不可判定性关心的是不可判定命题本身:不存在什么系统方式来判断某一给定命题是可判定的还是不可判定的。于是,这里有一个反对希尔伯特关于数学机械化的猜想的反例:一个借助于一个系统性的一般程序不可能被证实或者证

伪的定理。图灵的结果的深刻性质，由道格拉斯·霍夫施塔特（Douglas Hofstadter）总结得绘声绘色："贯穿于数学中的不可判断命题，就好像纵横交错于一块牛肉中的肉筋儿，纠缠得太细密；如果不把整块牛肉毁了，是割不出那些筋儿来的。"[2]

为什么算术管用？

图灵的这些结果，通常被解释为告诉我们关于数学和逻辑的某种东西；但是，这些结果也告诉我们关于真实世界的某种东西。图灵机这个概念，毕竟建立在我们关于一台机器是什么东西的那种直觉理解的基础上。真实的机器做它们所做的事情，是因为物理学规律允许它们那么做。最近，牛津大学的数学物理学家戴维·多伊奇（David Deutsch）断言：可计算性其实是一种**经验的**属性，这意思是说，它依赖于世界碰巧的方式，而不依赖于某种必然的逻辑真理。"为什么我们发现（比方说）建立电子计算机是可能的，以及为什么我们真能进行心算，"多伊奇写道，"其理由不可能在数学和逻辑中找到。**理由是：物理学规律'碰巧'允许诸如加减乘除这样的算术运算所需要的物理模型的存在**。如果物理学规律不允许如此，那么这些司空见惯的运算就是一些不可计算的功能。"[3]

多伊奇的猜想肯定是引人注目的。算术运算，如加法，就事物的本性而言，似乎是太基本的，那就似乎难以想象一个世界，在其中算术运算竟然不能够进行。为什么是这样？我认为，答案或许与数学的历史和本质有些关系。简单的算术开始于非常平凡的实际问题，如记住绵羊的头数，以及基本的会计。但是，加减乘除这种初等运算，在数学观念中引发了一种爆炸性的增长，最终变得如此复杂，人们就看不到这个学科卑微的实用性起源；换言之，数学获得了自己的生命和存在。到柏拉图的时代，一些哲学家主张数学拥有它自己的存在。而我们太习惯于做简单的算术，以至于很容易相信算术**必定**是可行的。但是，其实算术的可行性，在根本上依赖于物质世界的本性。比方说，如果真的不存在像硬币和绵羊这样的个别的物件，计算对我们来说还可以理解吗？

数学家哈明（R. W. Hamming）拒绝把算术的可行性视为当然，觉得这种可行性既怪异，又神秘难解。"整数的抽象性，对于计算而言，既是可能的，也是有用的。让我的一些朋友理解我对此事的惊讶感，"他写道，"我试过，没怎么成功。6只羊加7只羊等于13只羊；6块石头加7块石头等于13块石头，这难道没有什么好奇怪的吗？宇宙是如此建造的，像数这么一种简单的抽象就是

【108】

可能的,这难道不是一个奇迹吗?"⁴

【109】　　物质世界反映算术的计算属性,这一事实具有深刻的寓意。从某种意义上说,这意味着物质世界是一台计算机,正如巴贝奇猜想的那样。或者用更切题的方式说,计算机不仅能互相模拟,也能模拟物质世界。当然,我们颇为熟悉计算机被用来模仿实体系统的那种方式,确实,那就是计算机的大用处。但是,这个本领依赖于这个世界的一种深刻而微妙的属性。一方面是物理学规律,另一方面是描述**同样的那些规律**的数学函数的可计算性;这两者之间显然存在一种至关重要的**一致性**。这无论如何不是一个自明之理。物理学规律的本质允许某些数学运算(如加法和乘法)是可计算的。我们发现,在这些可计算的运算中间,有一些(起码在一定的精确性上)描述物理学规律。我在图 10 中演示了这个自相一致的回路。

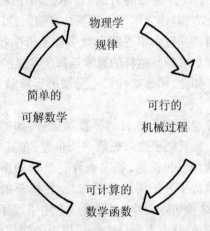

图 10　物理学规律与可计算数学可以构成事关存在的一个独特的闭合循环

　　这种回路式的自相一致,仅仅是一个巧合呢,还是这种一致性必须是如此? 这种一致性指向数学与现实之间的某种更深刻的共鸣吗? 想象一个世界,在其中物理学规律是非常不同的,可能不同到个别的物件不存在的地步。有些数学运算,在我们的世界里是可计算的,在这么一个世界中将是不可计算的,反之亦然。相当于图灵机的那种东西,或许存在于这个另外的世界上,但它们的结构与运算方式将完全不同,以至于它们将不可能进行(比方说)基本算术,尽管它们倒能进行那个世界里的一些计算活动,那是我们世界里的计算机永远不能完成的计算活动(如解决"费马最后定理")。另外一些有趣的问题现在就出现了:在这样一个假想的另外世界中的物理学规律,能以那个世界中的可计算的运算方式来表达吗?或者说,这么一种自相一致的状态,仅仅在有限的一类世界中是可能的,事情可能是这样吗?或许只在我们的世界里是这样?另外,我们拿得准我们世界的全部方面**确实**都能以可计算的运算方式来表达吗?难道不可能存在一些物理过程是一台图灵机不能模仿吗?这些更深入的令人着迷的问题,触及数学与物质现实之间的联系,将在下一章得到考察。

【110】

俄罗斯套娃与人工生命

通用计算机能互相模拟,这个事实具有一些重要的寓意。在实际的层面上,那意味着:一台中等的 IBM 个人计算机,配以恰当的程序和足够的存储空间,就能完美地模拟(比方说)一台功能强大的克雷(Cray)计算机,只要我们在意的是输出(不在意速度)。克雷能办的任何事情,个人计算机也办得了。其实,一台通用计算机远远不必像 IBM 个人计算机那么老练。它的组成:一个跳棋盘,一些棋子,足够了!这么一个系统,在 1950 年代最先得到了数学家斯坦尼斯劳·乌拉姆(Stanislaw Ulam)和约翰·冯·诺依曼(John von Neumann)的研究,作为所谓"博弈论"那东西的一个实例。

乌拉姆和冯·诺依曼曾经在洛斯阿拉莫斯的"国家实验室"工作,曼哈顿原子弹工程就是在那里搞的。乌拉姆喜欢在计算机上玩游戏,当时那还是个新生事物。有那么个游戏,涉及一些模式;这些模式按照一些规则变形。比方说,想象一个跳棋盘连同棋子,摆成某种阵势。你接着可以考虑一些确定的规则,规定这个模式可能怎么重新摆。这里有一个例子:每一个棋盘方格都有相邻的八个方格(包括对角线上的邻格)。任何给定方格的状态(就是说,占棋或者没有占棋),如果它的两个邻格被两个棋子占着,就一直保持不变。如果一个占棋方格拥有三个占棋邻格,它就一直保持占棋。在全部其他情况下,方格就变成空白或者保持空白。某种初始的棋子布局是选定的,规则适用于棋盘上的每个方格。对初始布局略作改变,因此是可以办到的,规则接着仍然起作用,进一步的变化就发生。规则于是得到了一而再、再而三的重复,模式的演化遵守规则。

上述这种特别的规则,是约翰·康威(John Conway)在 1970 年发明的,产生出来的那些结构的丰富性,立刻把他惊呆了。模式出现又消失、演化、移动、破碎、合并。康威惊讶于这些模式与活物相似,因此他把这个游戏叫做"生命"。全世界的计算机迷立刻对这东西上了瘾。为了追随这些模式的进展,他们不

【111】

必用真正的棋盘。不那么费劲的搞法,是弄一台计算机,直接在屏幕上显示那些模式,每个像素(光点)代表一枚棋子。对这个话题的一种描述,令人雀跃、颇为可读,见于威廉·庞德斯通(William Poundstone)的《循环的宇宙》(*The Recursive Universe*)。[5] 该书的一个附录提供了一个程序,任何人希望在自家的计算机上玩"生命"可以参看。有 Amstrad PCW 8256 的主儿(该书就是在这种机器上敲打出来的),或许有兴趣知道,该机已经装了"生命"的程序;几条简单的命令,就允许你登堂入室。

你可以把被"点模式"占据的那个空间想成一个模型宇宙,用康威的那些规则代替物理学规律,时间以不连续的步调前进。发生于"生命"宇宙中的万事万物都严格地是决定论性质的:每一步的模式完全是由前一步的模式决定的。初始模式因此固定了未来的每一件事,以至于无限。从这方面说,"生命"宇宙相似于牛顿式的时钟宇宙。确实,此类游戏的机械论性质,已经为自己赢得了"细胞自动机"这个雅号,细胞就是那些方格或者像素。

在"生命"的无限多样的形式中,有一些在到处移动的时候,保持其定性。这些形式包括所谓"滑翔机",由五个点组成,还有各种大一些的"太空船"。这些物件之间的冲撞,能够产生全部种类的结构和碎片,这要看细节如何。"滑翔机"能够由"滑翔机枪"产生出来;"滑翔机枪"每过一定的时间间隔就放出一串"滑翔机"。有趣的是,"滑翔机枪"能从十三次"滑翔机"冲撞中被制造出来,因此"滑翔机"产生"滑翔机"。另外的寻常物件是"木块",即被四个点围着的静止方格;它们会把与它们相撞的物件摧毁。接着,有更具破坏性的"狼",它们把从旁边走过的物件打碎或者消灭,然后以这种遭遇的机会,来自我修复创伤。康威和他的同事们已经发现,"生命"模式非常丰富而复杂,有时是碰巧的,有时运用高超的技巧和慧眼。更有趣的一些行为,要求对大量部件对象进行细致的编排,却只在几千时间步骤之后才出现。要探索"生命"活动的更高级的情节,就需要非常强大的计算机。

【112】　"生命"宇宙显然只是现实的一个灰暗的影子,其比较简单的住客好像有生命的性质,仅仅是真正的活物的一幅卡通画。然而,"生命"游戏埋头于它的逻辑结构,就有产生出无限复杂性这种能力,在原则上和真正的生物一样复杂。确实,冯·诺依曼对"细胞自动机"原本的兴趣,与生物的神秘性密切相关。他痴迷地想知道,能不能建造一台机器,在原则上能复制它自己;如果能,它的结构和组织方式可能是怎样的。如果这么一台冯·诺依曼机器是可能的,那么我们将能够理解生物复制其自身的那些原则。

冯·诺依曼分析的基础,是"通用构造器"这个概念,可比诸一台通用计算机。这将是这么一台机器:安装了程序,就能产生任何东西;在很大程度上,它类似于一台图灵机,安装了程序,就能执行任何可计算的数学运算。冯·诺依曼思忖,如果这台"通用构造器"装了程序来制造它自己,那会发生什么? 当然,为了达到货真价实的自复制,一台机器必须不仅产生它自己的一个拷贝,而且要产生它如何自我拷贝的那个程序的一份拷贝;否则,女儿机器将是"不育的"。在这里,明显有无穷倒退这么一个危险,但是,闪开这种危险的更聪明的一招,被冯·诺依曼看到了。"通用构造器"必须增加一个控制机制。当这个构造器已经产生了它自己的一份拷贝的时候(当然得加上一个复制来的控制机制),这个控制机制就关闭这个程序,并且把这个关闭了的程序视为"硬件"的另一小部分。冯·诺依曼机器恰当地制造了这个程序的一份拷贝,然后把这个程序拷贝装在那台新机器里,这台新机器于是就是其母亲机器的一个不走样的复制品,而且跃跃欲试地要开始运作它自己的自复制程序。

　　冯·诺依曼脑子里本来想的是一台"五脏俱全"的机器,但是乌拉姆劝他调查一番"细胞自动机"在机械上的可能性,还要找到自复制模式的存在。冯·诺依曼的"机器"在当时或许仅仅是屏幕上的一些光点,或者棋盘上的一些棋子。这无关紧要:逻辑结构和组织结构才是重要的,实际的物质手段不重要。在好多工作之后,冯·诺依曼和他的同事们能够表明,对于超过了某种复杂性门槛的系统而言,自复制确实是可能的。办成此事,需要研究一番一台高级"细胞自动机",它的规则要比"生命"游戏的规则复杂得多。不必只允许每个方格处于两种状态(空白或者占棋)的一种,冯·诺依曼的自动机允许不少于二十九个可选状态。真动手建造一台自复制的自动机的模式("通用构造器"、控制机制,以及记忆系统将必定占据至少 20 万个单元),在当时是没有任何希望的——但是,要点是**在原则上**一个纯粹的机械系统能够复制它自己。在此番数学调查完成之后不久,来了分子生物学的繁荣昌盛,连同 DNA 双螺旋结构的发现、遗传密码的大白于天下,以及关于分子复制的基本组织结构的说明。大家很快意识到,自然也利用被冯·诺依曼发现的相同的逻辑原则。确实,生物学家已经确定了活细胞中真存在的分子,它们对应于一台冯·诺依曼机器的组件。

　　康威已经能够表明,他的"生命"游戏也有本事允许自复制模式。"滑翔机"制造"滑翔机"这个相对简单的过程,是不够资格的,因为服务于自复制的那种非常重要的程序不曾得到拷贝。为了这个目的,你需要某种复杂得多的东西。康威首先提出了一个相关的问题:在"生命"游戏的宇宙中,一台图灵机(即一台通用计算机)可能被建造起来吗? 任何通用计算机的基本运作,是由

【113】

77

逻辑运算方式构成的:**和,或,不**。在一台传统的电子计算机中,这些方式是由简单的开关元件或称逻辑门执行的。比方说,"和门"有两条输入线和一条输出线(见图11)。如果一个电脉冲沿着两条输入线被接收到,一个电脉冲就沿着输出线发出来。如果只有一个输入脉冲或者没有任何输入脉冲被接收到,那就没有任何输出。由这种逻辑元件构成的一个非常庞大的网状系统,就构成了计算机。数学的操作,借助于把数表示为二进制形式,那是由 1 和 0 构成的字串。翻译成物质形式,一个 1 被编码为一个电脉冲,一个 0 被编码为一个电脉冲的不存在。然而,这些运算不必由电路开关来执行。任何能够执行相同的逻辑运算的装置都足以管用。你也可以用机械齿轮(巴贝奇原来的"分析机"就是如此)、激光束或者计算机屏幕上的光点。

输入   输出

A

B   和门   C

图 11   用于计算机中的"和门"示意图,有两条输入线 A 和 B,以及一条输出线 C。如果一个脉冲沿着 A 和 B 的脉冲被接收到,那么输出信号将沿着 C 被发出。

[114]   经过许多试验和思考之后,康威能够表明:在"生命"游戏的宇宙中,管用的逻辑电路的确可以建造起来。关键的概念是用"滑翔机"队列来编码二进制数。比方说,1011010010 这个数可以如此表示:把一架"滑翔机"放在这个队列中 1 所在的位置上,同时留下空档来表示 0。"逻辑门"于是就能够被建立起来,手段是:以受到控制的方式,把一些"滑翔机"列队以直角交叉排列起来。因此"和门"将放出一架"滑翔机",当且仅当"和门"同时收到来自两个输入流的"滑翔机",因此把这个运算编码为 1 + 1(1)。为成就此事,为建造必要的记忆单元以储存信息,康威需要的仅仅是四种"生命"物种:滑翔机、滑翔枪、狼和木块。

需要好多聪明的招数,来使这些元素各就各位,并且编排其动态结构。然而,必要的逻辑电路能够被组织起来,而"生命"宇宙中的那些小材料,能够作为一台通用计算机,来发挥完美而恰当的功能,只是有点慢。这个结果,具有令人神往的一些寓意。有两个不同层面的计算牵扯其中。首先,有那台潜在的电子计算机,用来在屏幕上产生"生命"游戏;然后,"生命"模式自己作为一台计算机在更高的一个层面上发挥作用。从原则上说,这个层级结构能够无限地继续:"生命"计算机能够被编程以产生它自己的抽象的"生命"宇宙;这个宇宙也同样能够被编程以产生它自己的"生命"宇宙……最近,我出席了一次关于复杂性研究的讨论会,麻省理工学院的两位科学家,汤姆·塔夫里(Tom Toffoli)和诺曼·马戈鲁斯(Norman Margolus),在一个计算机显示屏上演示一种"和门"的运行。IBM的查尔斯·贝尼特(Charles Bennett)也在观看,此公是一位研究计算与复杂性的数学基础的专家。我对贝内特说,我们正在观看的这个东西,是一台电子计算机,在模拟一台细胞自动机,后者在模仿一台计算机。贝内特回答说,计算逻辑的这些相继的嵌套,让他想起了俄罗斯套娃。

"生命"游戏能够容纳通用计算机,这一事实意味着:图灵分析的全部推论,都能够被搬到"生命"游戏宇宙中。比方说,不可运算操作的存在,也适用于"生命"游戏计算机。我们记得,借助于一台图灵机的运算,不存在任何系统方法来提前判断某一给定的数学问题是可判定的还是不可判定的:这台机器的命运,不可能被提前知道。因此,相关的"生命"游戏模式的命运,不能以系统方式被提前知道,尽管全部这些模式都严格是决定论性质的。我认为这是一个非常深刻的结论,一个对真实世界也有重大意义的结论。看起来好像存在某种随机性或者不确定性(我敢称之为"自由意志"吗?),内置于"生命"游戏宇宙中,正如在真实宇宙中确实如此,这归因于逻辑本身的限制,只要系统变得复杂得足以涉及自指。【115】

自指和自复制关系密切,一旦通用"生命"计算机被建立起来,一条道路就为康威敞开了,他能以这个路子来证明"通用构造器"的存在,并因此证明货真价实的自复制的"生命"模式。还是老话,这种模式不曾真正建造起来,因为它将确确实实地太大了。但是,康威推断:在一个无限的"生命"游戏宇宙中,那里随机住着一些点子,有自复制能力的一些模式将不可避免地仅凭机遇而形成。尽管这么一种组织程度极高的复杂模式的自发形成的概率小得不可想象,但在一个确实无限的宇宙中,任何可能发生的事情,都将发生。你甚至可以想象达尔文的进化过程导致了前所未有的复杂的自复制模式的出现。

"生命"游戏的一些热心玩家断言:这么一种具有自复制能力的"生命"模式,确实会是活的,因为它们将拥有用来定义我们宇宙中的生物的全部属性。如果生命的本质被简单地视为有组织的能量,超出某种复杂性的门槛之上,那么他们说得对。其实,现在存在一个别具一格的科学分支,名为"人工生命",该学科致力于研究具有自组织能力、有适应力、计算机产生的模式。这个学科的目标是从构成生物的实际材料的那些可能无关宏旨的细节中,得到关于何为活物这句话的本质意义。在最近的一次关于人工生命的讨论会上,计算机科学家克里斯·兰顿(Chris Langton)解释说:"我们的信念是我们能够把足够复杂的一些宇宙放进计算机里,这些宇宙因此能支持一些过程;就那个宇宙而言,那些过程必须被认为是活的。但是,它们不会是用相同的材料造出来的。……这提出了一种令人敬畏的可能性:即我们即将创造宇宙中的下一拨生物。"6庞德斯通同意:"如果并非琐屑的自复制被用做判别生命的标准,那么具有自复制能力的'生命'模式将是活的。这不是说它们将像任何电视影像那样来模拟生命,而是说它们将实实在在是活的,这是因为它们对自己的构造进行信息编码和信息操作活动。最简单的自复制性的'生命'模式将是活的,在这意义上,一个病毒却不是活的。"7

【116】 约翰·康威走得甚至更远,他暗示说:高级"生命"游戏形式能够有意识:"那是可能的,只要有足够大的'生命'游戏空间,最初在随机状态中,在很长之间之后,有智力的自复制动物将出现,并且居住在那个空间中的某些部分。"8然而,对这样的想法,存在一种自然的抵触。"生命"游戏宇宙毕竟仅仅是一个模拟的宇宙。它不是真的,对吧?在屏幕上蠢蠢而动的那些形状,仅仅模仿真实生命的形貌。它们的行为不是自发的,那是编在计算机里的程序,计算机玩这个"生命"游戏。但是,"生命"游戏的热心人抗议说,我们这个宇宙中的物质结构的行为,也是被物理学规律和初始状态"编了程序的"。那些点子的随机分布(一种具有自复制能力的"生命"模式可能从中涌现),直接可以类比于生命出现之前的那汪随机的汤水,第一批生物应该是从那里冒到地球上来的。

因此,我们如何把一个真正的宇宙和一个模拟的宇宙两相分开?这是下一章的主题。

第五章 真实世界与虚拟世界

我们都对梦着迷。有些人的梦境非常生动，像我自己就是这样；他们常常 【117】
有一种体验："陷"在了一个梦里，相信这梦是真的。梦醒时分，如释重负，这感
觉也是非常真实的。然而，我常常思忖，鉴于在做梦那段时间里，那梦就是现
实，那么我们为什么在醒时经验和睡时经验之间，搞出这么一种泾渭分明的区
别呢？我们能够绝对确信"梦的世界"是虚幻的，"醒的世界"是真实的吗？不
可能反过来说吗？不可能两者都是真的吗？不可能两者都不是真的吗？我们
能利用什么判别现实的标准，来判断这个事情？

一般的机灵回答，是宣称梦是私人经验，而我们醒时感知的世界与别人的
经验一致。但是，这不帮忙。我常常遇到一些梦境中的人物，我确信他们是真
人，并且正在共有我自己的梦经验。在醒时生活中，我不得不把别人的话当
真，权且相信他们感知的世界与我感知的世界是相似的，因为我不可能真的分
享他们的经验。一个虚幻人物，或者一台足够复杂、却没有意识的自动机，做
出一个断言：我怎么能够把它们做出的一个真实断言甄别出来？指出梦境常
常不连贯、破碎、怪诞这么一个事实，也没有用。几杯酒之后，或者从麻醉状态
回过神的当口，所谓真实世界看起来也常常可能不连贯、破碎、怪诞。

【118】

模拟现实

上面关于梦的这些说法，是为读者热热身，以便讨论计算机对现实的模
拟。在前一章，我论证说，计算机能模拟真实世界里的物理过程，在原则上甚
至能模拟像发生在生物里的那种复杂过程。另一方面，我们看到，在本质上，
计算机不过是按照某种规则，把一套符号转变成另一套符号。我们通常把符
号想成数；更具体地说，是把符号想成由 1 和 0 构成的字串，这是机器用的最
合适的表示法。每一个 1 或 0 都代表一比特信息，因此计算机是一种装置，把
输入比特串，转变为输出比特串。这种看似琐屑的一套抽象的运作，怎么可能

抓住**物质**现实的本质呢?

拿计算机的活动和一个自然的实体系统做比较吧——比方说,绕着太阳转的一颗行星。这个系统在每一瞬时的状态,借助于这颗行星的位置和速度,能够得到确定。这些都是输入数据,相关的数能以二进制算法写出来,写成由1和0构成的比特字串。过了一会儿,那颗行星会有一个新位置和新速度,这可以用另一个比特串描述出来:这些是输出数据。那颗行星成功地把一个比特串转换为另一个比特串,它因此是某种意义上的一台计算机。它在这种转换操作中用的"程序",是一套物理学定律(牛顿的运动定律和万有引力定律)。

科学家越来越意识到物理过程与计算过程的联系,并且发现从计算角度来看世界,很有好处。"科学规律如今被视为运算法则,"按照普林斯顿大学高等研究所的斯蒂芬·沃尔夫冉姆(Stephen Wolfram)的说法。"实体系统被看做计算系统,处理信息的方式在很大程度上和计算机相同。"[1] 比方说,一种气体。这种气体的状态可以得到确定,手段是提供某一瞬时全部分子的位置和速度(到某种精确性)。这会是极长的一个比特串。在稍后的一瞬,这种气体的状态将确定极长的另一个比特串。这气体的动态演化过程的效果,因此一直是把输入数据转换为输出数据。

自然过程与运算之间的联系,得到了量子论的进一步加强。量子论揭示,通常被视为连续的许多物理量,其实是分立的。因此,原子拥有与众不同的能级。当一个原子改变其能量的时候,它就在不同的能级之间跳跃。如果每一能级被指派了一个数,那么这种跳跃就可以被看做从一个数到另一个数的跃迁。

在这里,我们已经到达了在现代科学中计算机效能的本质。因为计算机有互相模拟的能力,那么计算机就有能力模拟任何系统(系统本身的行为就像计算机)。这就是计算机模拟真实世界一事的基础:行星和气体箱以及其他系统,确实像计算机那样行为,因此可以被模仿。但是,每一个实体系统都能以这种方式被模拟吗? 沃尔夫冉姆认为是这样:"你可以指望这么一个事实:计算机在其计算能力上和任何在物质上能够实现的系统一样强大,因此计算机能够模拟任何实体系统。"[2] 果真如此,这意味着任何计算起来足够复杂的系统,在原则上都能模拟**整个物质宇宙**。

在前一章中,我解释了像"生命"游戏这样的"细胞自动机"如何产生一些玩具宇宙(在其中计算活动是可能的)。我们似乎已经达到了这么一个结论:"生命"游戏宇宙能够忠诚地模仿真实的宇宙。"有能力进行通用计算的细胞自动机,能够模仿任何可能的计算机的行为,"沃尔夫冉姆解释说。因此,"由于任何物理过程都能够由一种计算过程来表示,它们就也能模仿任何可能的实体系统的行为。"³ 因此,一个细胞自动机的玩具宇宙(如"生命"游戏宇宙)在原则上能够被造得如此"栩栩如生",可以作为真实宇宙的一个完美的复制品吗? 显然能够。但是,这引起了另外一个令人困惑的问题。如果全部物理过程都是计算机,如果计算机能够完美地模仿全部实体系统,那么是什么东西把真实世界从一种模拟品那里甄别出来?

你不禁要回答:模拟品仅仅是现实的不完美的近似物。比方说,在一颗行星的运动得到了计算的时候,输入数据的精确性由于观察活动而是有限的。另外,真实的计算机程序大大简化了物质情况,手段是忽略一些小物体等等的干扰效应。但是,你肯定可以想象一些越来越精细的程序,越来越老练的数据搜集手段,直到模拟品(就实际目的而言)无法与现实相区别。

但是,在某个细节程度上,这个模拟品必然会失败吗? 长久以来,有人相 【120】信这个答案必定是"是",这是由于真实的物理世界和任何数字仿真品之间,想必存在一种根本性的区别。这种区别必定与"时间可逆性"这个问题有关。如第一章解释的那样,物理学规律是可逆的,这意思是说,如果把过去和未来颠倒一下,物理学规律是保持不变的——就是说,它们不曾内置着优先的时间方向。如今,所有现存的数字计算机的运行都消耗能量。这些消耗了的能量,以热的形式出现在机器的内部,必须被除掉。蓄热在计算机的表现上强加了非常实际的限制,许多研究都旨在把蓄热最小化。其中的难处可以追踪到计算机中的关键逻辑元件。每当使用开关,热就被产生出来。这与日常生活的情形相似。你按电灯开关,你就听到咔啦咔啦;这种咔啦咔啦是你花费在按开关一事中的能量的一部分,以声音的形式耗散,其余的能量,以热的形式出现在开关的内部。这种能耗被故意并入了这个开关的设计中,以确保它处于它的两种稳定状态的一种中——开或者关。如果在开和关的过程中不涉及能耗,就有一个危险:这个开关或许自动地咔啦咔啦。

开开关关中的能量耗散,是不可逆的。热流到环境中,散失了。你不可能把废热挖回来,并且把它搞成某种有用的东西输送回去,而不进一步导致和"往回挖"过程中一样大的热损失。这是热力学第二定律的一个实例,该定律禁止任何回收利用热能以做有用功这种"免费的午餐"。然而,有些计算机科学家意识到:热力学第二定律是一条统计学规律,用于不同的系统有许多不同程度的自由。确实,关于热和熵的概念本身,涉及分子的混乱躁动,而且只对大量分子的集体有意义。如果计算机可以小型化,大量基本的开开关关可以在分子层面上进行,生热性或许就可能完全避免吗?

【121】　　然而,似乎存在一个基本原则,与这种理想化的状态相矛盾。比方说,考虑一下"和门",前一章对此做过描述。输入有两个渠道(线),输出只有一条线。"和"操作的整个目的,是把两个进来的信号,混合成向外发的单一信号。显然,这不是可逆的。外出线里不存在一个脉冲,你讲不清楚此事是因为一个脉冲是在这一条输入线里,还是在另一条输入线里,或者两条输入线里都没有脉冲。这个基本的不利情况,反映了这么一个显而易见的事实:即在普通算术中,你能够从问题中推出答案;但反过来却不行:你一般不可能从答案中推出问题。如果有人告诉了你答案,说和是 4,那道加法题可能是 2 + 2 或者 3 + 1或者 4 + 0。由此可见,由于基本逻辑,似乎没有什么计算机能往回跑。

其实,这个论证中有一个漏洞,最近被 IBM 的拉尔夫·兰道(Rolf Landauer)和查尔斯·贝内特(Charles Bennett)发现了。他们回头追踪不可逆性,不可逆性似乎是计算活动固有的;但他们表明,不可逆性是由于扔掉了信息而发生的。因此,做加法题 1 + 2 + 2,你可以首先把 2 和 2 加起来得 4,然后算 4 加 1 得到答案 5。在这个运算序列里,存在一个中间步骤,在这个步骤上只有 4 保持着:原本的 2 + 2 被丢弃了,不再和这个计算过程的剩余部分相关。但是,我们不必把这个信息扔掉。我们可以选择从头到尾保持和它的联系,但它将使我们能"取消"任何阶段上的任何计算结果,手段是从答案往回推到问题。

　　但是,能设计出合适的开关门来执行这种可逆逻辑吗? 他们确实能,如麻省理工学院的爱德华·弗雷德金(Edward Fredkin)发现的那样。"弗雷德金门"有两个输入渠道和两个输出渠道,外加一个"控制渠道"。开和关像往常那样进行,但在方式上却把输入信息保留在输出渠道中。即便在一台耗散性的机器上——即一台必然不可逆地耗散能量的机器——也能可逆地进行计算过程。(任何实际的可逆计算过程,都不可能避免不可逆的热耗散。)但是,在理论层面上,你可以想象一个理想化的系统,在其中计算过程和物理状态都将是可逆的,弗雷德金已经设计了一种想象中的刚性球的布局,那些球以仔细监控的方式在几个不动的缓冲装置中弹跳;这个装置真能以可逆方式执行逻辑运算。另一些想象中的可逆计算机也已经被捏造出来了。

【122】　　关于作为计算机的细胞自动机的情况,有一个有趣的问题。"生命"游戏计算机不是可逆的,因为这个游戏的潜在规则不是可逆的(模式序列不可能往回跑)。然而,一种不同类型的细胞自动机,能模拟可逆的弗雷德金"球与缓冲器"系统,已经被诺曼·马戈鲁斯(Norman Margolus)建造起来了。从自动机宇宙的层面上看,这是一台货真价实的可逆计算机,无论从计算上说,还是"从物理上说"都是如此(虽然在执行这个细胞自动机的那台电子计算机层面上,仍

然有不可逆的耗散）。

计算过程能够可逆地进行，这一事实，把一个计算机模拟品和它正在模拟的那个真正运作的物理状态之间生死攸关的区别，给消除了。确实，你能够反转这个推理过程，并且问：在哪种程度上，真实世界的物质过程**就是**计算过程？如果不可逆开关不是必然的，那么寻常物体的运动能够被看做一个数字运算过程的一部分吗？几年前，就有人证明了：某些不可逆系统（如图灵机和像"生命"游戏这样的具有非可逆规则的细胞自动机），可以被编程，以执行无论什么样的数字计算，手段是恰当地选择它们的初始状态。这个属性是所谓"计算的普遍性"。就"生命"游戏而言，那意味着一个初始模式能够被选择出来，这个初始模式将把一个光点放在某一个给定的位置上，如果（比方说）某一个数是非常好的。另一个模式也会这么办，如果某一个方程式有一个解，如此等等。如此说来，"生命"游戏可以用来研究像"费马最后定律"这样的未被解决的难题。

更晚近的时候，某些可逆的决定论性质的系统（如弗雷德金的"球与缓冲器"计算机），已经被表明，在计算上也是普遍的，而且连一些非决定论性质的系统也分享这一属性。因此，事情看来是这样：计算的普遍性好像是实体系统的一种相当普遍的属性。如果一个系统确实具有这一属性，它的行为肯定能和任何能够以数字方式被模拟的系统的行为一样复杂。有证据表明：即便一个简单的系统，简单得有如互相吸引的三个运动的物体（如绕着一颗恒星运动的两颗行星），也拥有计算的普遍性这一属性。如果是这样，那么借助于合适地选择这两颗行星在某一瞬时的位置，这个系统就能被搞得去计算（比方说）圆周率的数值、第一百万兆个素数，或者"生命"游戏宇宙中的十亿次"滑翔机"撞击的结果。确实，这个看似不起眼的"三球系统"，竟然能够用来模拟整个宇宙，如果（像这个游戏的一些热心人所声称的那样）宇宙在数字上是可以模拟的话。

我们习惯于把计算机想成非常特别的系统，需要别出心裁的设计。肯定地说，电子计算机是复杂的，但这是因为它们非常多才多艺。在这种机器的设计中，大量程序工作已经得到了照顾：我们不必每次都通过初始条件重新做那些程序工作。但是，能够计算这个本事，是许多实体系统（包括一些非常简单的系统）似乎都拥有的一种东西。这引起了一个问题：原子甚或亚原子粒子的那些活动，是否有计算能力？对这个问题的一项研究，是物理学家理查德·费曼（Richard Feynman）做的，他表明：一台在亚原子层面上运作着的可逆计算机（按照量子力学的那些定律运作），的确是可能的。因此，我们可以把无时不在

【123】

进行着的那些相当自然的无数原子过程(那些你和我身体里的、星体内部的、星际气体中的、遥远的众星系里的那些过程)看做某种庞大的宇宙计算过程的一些部分吗? 如果是这样,那么物理状态和计算过程就等同了,我们将达到一个振聋发聩的结论:宇宙是它自己的模拟物。

宇宙是一台计算机吗?

对这个问题斩钉截铁地回答"是"的一个人,是爱德华·弗雷德金。他相信物质世界是一台庞大的细胞自动机,并且声称对细胞自动机的研究,正在揭示真实的物质行为(包括像相对性这样的细腻之处)是可以被模拟的。弗雷德金的同事汤姆·塔夫里与这个信念同调。他曾经说了句俏皮话:当然,宇宙是一台计算机;唯一的麻烦,是某个别人在用它。就我们而言,我们仅仅是这台伟大的宇宙机器里的一些系统错误!"我们不得不做的全部事情,"他声言,"是在这场正在进行的巨大计算中'搭便车',并且试图发现这计算过程的哪些部分碰巧会走向我们的目的地的附近。"[4]

持有这个如雷贯耳的观点(你甚至可以说它是一个怪异的观点),弗雷德金和塔夫里并不缺乏支持者。物理学家福兰克·提普勒(Frank Tipler)也为"把宇宙等同于它对自己的模拟品"这个观念竭力论辩。另外,提普勒主张,这个模拟品不必在一台真实的计算机上运行。一个计算机程序,毕竟仅仅是按照某种规则把一套抽象符号转换(或者映射)为另一套抽象符号:输入→输出。一台以物质方式存在的计算机,为这种映射提供一个具体的代表物,正如罗马数字 III 是"三"这个抽象的数的一个代表物。仅仅存在这么一种映射(在数学规则的领域中,即便它是抽象地存在),在提普勒看来,也足够了。

【124】　　必须指出:我们现有的那些物理学理论的构造方式,与计算机算法的方式通常不很相同,因为物理学理论使用一些不断变化着的量,特别是,空间和时间被认为是连续的。"一个严格的模拟品将会问世,计算机将和自然做完全一样的事情,这么一个可能性,"理查德·费曼解释说,要求"发生在一个限量的空间和时间中的每件事情,都将必须严格地是以步骤有限的逻辑运算而可以被分析的。显然,现有的物理学理论,不是那个样子,允许空间能够是无限小的距离。"[5]另一方面,空间和时间的连续性,仅仅是关于世界的假设而已。这种假设得不到证实,因为我们永远不能肯定,在某种小尺度上,在完全无法观察的小尺度上,空间和时间就不可能是离散的。这将有什么意思? 首先,这将意味着时间跳着小步前进(如在一台细胞自动机中那样),而不是平稳地前进。这个境况将类似于一部电影,一个瞬间前进一格。这电影在我们看来是连续

的,因为我们不能解析格与格之间的短暂空隙。与此相似,在物理学中,我们目前的那些实验,能够测量 10^{-26} 秒那么短的时间间隙;在这个层面上,没有任何跳跃的迹象。但是,无论我们的解析变得多么细致,也仍然存在这么一个可能性:那些小跳步还更小。类似的说法适用于假定的空间连续性。因此,对严格模拟现实一说的反对意见,或许不是致命的。

你却仍然禁不住要反对说,地图和领土判然有别。即便可能存在一台宇宙计算机,它是如此不可思议的强大,它将有本事严格模拟宇宙中每个原子的活动,这台计算机想必也不实实在在地包含着一颗行星地球,在空间里动着,正如《圣经》不包含着亚当和夏娃这俩活人。一个计算机模拟品通常被视为仅仅是现实的一个代表物,或者说一幅图像。怎么可能有人声称在一台电子计算机里面进行着那种活动,有可能创造出一个真实的世界呢?

提普勒如此对抗这一反驳;仅仅从外在于那台计算机的角度上说,这种反驳才是有效的。如果那台计算机强大得足以模拟意识(推而广之,足以模拟由有意识的存在物构成的整个一个社会),那么,从这台计算机**里面**的那些存在物的观点来看,那个模拟来的世界将是**真实的**:

> 关键的问题是这样:模拟来的人存在吗?就那些模拟来的人能够分 【125】
> 辨的程度而言,他们会说自己存在。推想起来,真正的人能够、并且确实
> 拿来判断自己是否存在的任何行动(如反思他们自己思考这一事实;与环
> 境相互作用),那些模拟来的人也能这么做,而且实际上也确实这么做。
> 就这些模仿来的人而言,仅仅是没有法子说得清楚他们"确实"身在这台
> 计算机里面,没法子说得清楚他们自己仅仅是被模仿来的,不是真的。从
> 他们的处境来看,从身在这个程序里面而言,他们不能触及那个真东西
> (即这台物质的计算机)。……对身在这个模拟来的宇宙之内的人们而
> 言,不存在什么办法来讲得清楚他们仅仅是模拟来的,他们不过是一些在
> 一台计算机内部被倒腾的一些数的一个后果,其实不是真的。[6]

当然,提普勒的整个讨论,依靠这么一个可能性:即一台计算机能模拟意识。这么说有道理吗?想象这台计算机正在模拟一个人类。如果这个模拟确确实实是精确的,那么这台计算机外边的一位人类观察家(他不知道这里是在搞模拟),借助于和这个模拟品进行交谈,也将说不清这模拟品究竟是身在那台计算机里,还是我们这个世界上的一个人类。这位观察家可以审问这个模拟品,后者接着就得到相当合情合理的答案,正像是人类的回答。结果,这位

观察家会不禁得出结论说：这个模拟品货真价实地有意识。实际上，在一篇标题为"机器能思考吗？"的著名论文中，艾伦·图灵自己处理过这个问题。在文章中，他设计的正是这么一场审问考验。尽管大多数人把"机器拥有意识"这个想法视为聊斋故事，甚至认为它荒谬绝伦，但许多杰出的科学家和哲学家（所谓"Strong – AI"或称"超强人工智能"学派）已经以此为基础论证说：一个模拟来的心灵将是有意识的。

在那些准备与这个观念友好相处的人看来，一台足够强大的计算机能够有意识；这离承认计算机在原则上能产生一个由一些有意识的存在物构成的整个社会，就仅差一小步了。在那个模拟来的世界中，这些人想必也要思考、感觉、生活和死亡，却完全不曾察觉这么一个事实：即他们存在，是由于某个计算机操作者的好意；这个操作者想必可以在任何时候把电源拔了！这正是身在"生活"游戏的宇宙中的那些康威的智力动物所处的境况。

【126】但是，这整个的讨论触及了如下这个明显的问题：我们怎么知道我们自己是"真实的"，而不是身在一台巨大计算机里面的模拟品？"很显然，我们不可能知道，"提普勒说。但是，这问题要紧吗？提普勒论证说：那台计算机的实际存在（在身处它里面的那些有意识的存在物看来，这是无法证实的），是无关紧要的。重要的是存在一个合适的抽象程序（甚至一个抽象的查询表也行），这程序有能力模拟一个宇宙。出于同样的理由，一个物质世界的实际存在，也是无关紧要的："这种从物质的意义上说是真实的宇宙，将是康德的物自体的等同物。作为经验主义者，我们被迫摒弃这么一个原本就不可知的东西：宇宙必定是一个抽象的程序。"[7]

这个立场的不利之处（与它的归谬法姿态毫无关系）是：可能的抽象程序，为数是无限的。为什么我们偏偏经验着这么一个特别的宇宙？提普勒相信：能够支持意识的全部可能的宇宙，确实是被经验到了的。我们的宇宙并非唯独的一个。显然，我们肯定地看到了这一个。但是，其他一些宇宙也存在，其中的许多和我们的相似，那里也有自己的居民；在他们看来，他们的宇宙点点滴滴都是真实的，正如我们的宇宙，点点滴滴在我们看来是真实的。[这是关于量子力学的"多宇宙"解释的一个变种，在很多杰出的物理学家那里颇受好评，我的书《另外的世界》(Other Worlds)有详细的描述。我将在第八章回头讨论之。]为多个无能于支持有意识的存在物的宇宙编码的那些程序，不曾得到观察，或许因此被看做在某种意义上的不那么真实。那套能够产生可认知的宇宙的程序，是那套全部可能的程序的集合的一个小子集。我们的这个程序可以被视为是典型的。

不可企及之物

　　如果宇宙是某种计算过程的"输出"，那么照定义来说它就是可计算的。【127】说得更精确一些，一定存在一个程序或者说一套算法，经过有限的步骤，关于这个世界的一种正确的描述，可以从中得到。如果我们知道那种算法，我们就有了一个关于宇宙的完整理论，包括全部可测量的物理量的数值。关于这些数，你能够说些什么呢？如果它们是从一个计算过程中涌现出来的，它们就必定是一些**可计算的数**。大家一般设想，物理理论预言的全部可测量的量的值，是一些可计算的数。但是，最近，这个假定遭到了物理学家罗伯特·格若迟（Robert Geroch）和詹姆斯·哈特尔（James Hartle）的挑战。他们指出，现存的那些物理学理论可以预言一些可测量的量，这些量是不可计算的数。尽管这些理论必定与时空的量子属性这个相当专业的话题相关，它们却提出了一个重要的原则要点。

　　设想一个受人珍视的理论，为某个量（比方说，两个亚原子粒子的质量之比）预言一个不可计算数 X。这个理论可能得到验证吗？验证任何预言，都涉及把理论值与实验值做比较。显然，此事可办，却仅仅是某种程度的精确性之内才可办。设想那个实验值被决定可望在 10% 的误差之内，接着就必须知道 X 在 10% 的误差之内。现在，尽管 X 或许存在，却没有什么有限的算法、没有什么系统性的程序，能够发现它；那就是它不可计算这说法的意思。另一方面，我们需要知道 X 仅仅在 10% 的误差之内。发现一种算法，以产生一个连续地越来越逼近 X 的序列，最终的误差就在 10% 之内。麻烦是，因为我们不知道 X，我们就不能知道什么时候我们到了 10% 那个程度。

　　尽管有这些困难，借助于非算法手段，来找到一个误差 10% 的近似值，或许是可能的。一个算法结构的要点，是你能够在开始规定一套有限的标准指令；接着，通过这些指令来得到期望的结果，就纯粹是一桩机械的事儿。就一个可计算数（如圆周率）而言，你能够想象一台计算机开始鼓捣，产生出一个由越来越好的近似值构成的序列，并且在每一步的输出中包含那个特别的近似值好到怎么个程度。但是，如我们已经看到的那样，对不可计算数而言，这个招数不会管用。理论家们不得不接触的精确性的每一层次，都是一个新问题，需要以不同方法处理之。借助于某种聪明的诀窍，倒是有可能发现 X 的一个误差 10% 的近似值。但是，要达到 1% 的精度，同样的诀窍不见得管用。理论家们将不得不尝试某种全新的策略。随着实验精确性的每一次改善，这位可怜的理论家就需要干得越来越卖力，以发现一个跟预计值相符的近似值。

【128】　　正如格若迟和哈特尔指出的那样，发现一个理论通常是艰难的部分；执行这个理论一般是一个纯粹机械的程序。想出运动定律和引力定律，需要牛顿的天才；但是，一台计算机可以用程序来"闭着眼"执行这个理论，而且预言下一次日食的日期。说到预言不可计算数这件事，首先得说，执行这个理论或许和发现它一样难，在这两种活动之间划不出什么太大的区别。

　　显然，对理论家而言，假如我们的物理学理论不是这个样子，那要好得多。然而，我们拿不准我们的物理学理论将总是如此。对于某个特别的理论而言，或许有令人不得不相信的理由；这个理论到头来产生不可计算的预言，如格若迟和哈特尔说的，此事或许支持关于时空的量子描述。仅仅因为这个缘故，这个理论应该被抛弃吗？为什么这个宇宙必须"在算法上不可执行"，有什么理由吗？我们干脆不知道；但有一件事是肯定的：如果宇宙在算法上不是可计算的，那么自然与计算机之间的非常相近的相似，就不成立了。

　　爱因斯坦有言曰：上帝是难以捉摸的，但并不恶毒。根据这一格言，让我们设想我们确实住在一个"可计算的"宇宙中。那么，关于这个程序的本质（弗雷德金和提普勒这样的人，要我们相信这个程序就是我们的现实的源泉），我们能够了解些什么呢？

不可知之物

　　抽出一刻，思考一个案例：用于一台电子计算机中的一个程序——比方说，把一串数乘起来。这个概念的本质，从某种意义上说，是这个程序的建立应该比它意在执行的运算更容易。如果事情不是这样，你就不会用计算机来自找麻烦，而会径直去做那些算术运算。说清这件事情的一种方式，是说一个有用的计算机程序，能够产生比它自身更多的信息（在这个例子中，是多次乘法运算的结果）。这不过是一个花哨的说法，意思是：在数学中，我们寻找一些简单的规则，一些可以翻来覆去地使用的规则，甚至可以用在非常复杂的计算中。然而，并非全部数学运算都能借助于一个比运算本身大大简单的程序来执行。确实，不可计算数的存在，意味着：就某些运算而言，不存在什么程序。因此，有些数学过程内在地非常复杂，它们完全不可能被装进一个紧凑的程序中。

【129】　　在自然世界中，我们也面对着巨大的复杂性，并且出来一个问题：对这种复杂性的描述，能否被捕捉在一个紧凑的描述中？换个说法，"宇宙的程序"比宇宙本身大大地简单吗？关于物质世界的本质，这是一个非常深刻的问题。如果一个计算机程序或者一种算法比它描述的那个系统更简单，大家就说这

个系统"在算法上可以被压缩"。因此,我们面对着一个问题:宇宙是否在算法上可以被压缩?

在我们转向这个问题之前,更详细地考虑一下"算法压缩"这个概念,会有帮助。算法信息论这个学科,在 1960 年代由安德烈·柯尔莫哥洛夫(Andrei Kolmogorov)创立于苏联,由 IBM 的格雷戈里·柴汀(Gregory Chaitin)创建于美国。这一概念的本质依赖于一个非常简单的问题:能够在一定细致程度上描述一个系统的最短信息是什么? 显然,一个简单的系统,可以很容易地得到描述;但是,一个复杂的系统就不能了。(描述一块方冰,然后试着用一样多的词,来描述一个珊瑚礁的结构。)柴汀和柯尔莫哥洛夫建议:某事物的复杂性,被定义为关于该事物的最短可能描述的长度。让我们看看,就数而言,这个说法怎么发挥作用。存在简单的数,如 2 和圆周率,以及复杂的数,如通过掷硬币产生的一串 1 和 0(正面 = 0,反面 = 1)。我们能提供什么描述,来别具一格地定义这样的数? 策略之一,是简单地把这些数写出来,用十进制或者二进制来写(圆周率只能写到一个特别的近似值,因为它有无限小数展开)。但是,这显然不是最省事的描述法。比方说,圆周率这个数,最好是这么描述:提供一个公式,可以用这个公式把圆周率算出来,算到任何希望的近似度。如果这些数被视为一台计算机的输出,那么对一个数的最短描述,就是那个最短的程序;这个最短的程序将使计算机输出那个数。简单的数将被短程序产生出来,复杂的数将被长程序产生出来。下一步,是比较数的长度和产生它的那个程序的长度。数的长度更短吗? 某种压缩已经被成就了吗? 为了把这个意思说得更精确,设想计算机的输出被表达为一串 1 和 0,如,

$$1011010111000101001101010 01\cdots\cdots$$

("……"表示"等等,或许是无限的"。)这个数串会有某种信息内容,以"比特"来算的内容。在这个输出中的信息量和这个程序本身的信息内容之间,我们想做个比较。使用一个简单的例子,假设这个输出是 【130】

$$101010101010101010101010101010$$

这可以借助于"打印 10 十五次"这个简单的算法来产生出来。一个长得多的输出串可以借助于"把 10 打印一百万次"来产生出来。第二个程序难得比第一个更复杂,然而它产生大得多的输出信息。这个教训是:如果输出包含任何模式,那么这些模式可以被简洁地编码为一个简单的算法,这个算法可以比输出本身短得多(就信息比特数而言)。如此一来,大家就说这个串在算法上是可以压缩的。反过来,如果一个串不能借助于一个比它本身短得多的算法产生出来,它在算法上就是不可压缩的。如此一来,这个串就不拥有无论什

么规律性或者模式。它就仅仅是由1和0组成的一个偶然的凑合。这样一来,可以得到的算法压缩量,可以被看做出现在输出中的简单性或者结构的一个有用的量度,低压缩性就是复杂性的一个量度。简单而有规律的串,是高度可压缩的,而复杂而无模式的串不那么可压缩。

算法压缩为随机性提供了一个严格的定义:一个随机序列是一个在算法上不能压缩的序列。一个给定的串是不是可以压缩的,单凭看上一眼,或许不容易说得出来。它可能拥有一些非常微妙的模式,内置于一种神秘莫测的方式中。每一个密码破译专家都知道,一瞥之下像是杂乱无章的那些字母,或许其实是一段有章有法的信息;究竟如何,你需要的全部东西就是密码。圆周率这个数的无限小数展开(及其二进制对等物),在几千位数字的幅度之内,不曾显示出清楚的模式。其数字的分布,通过了关于随机性的全部标准统计学考验。单单根据关于前一千位数字的知识,那没有办法预言第一千零一位数将是什么。然而,尽管如此,圆周率在算法上却不是随机的,因为一个非常紧凑的算法能够写出来,以产生它的展开。

【131】 柴汀指出,关于数学复杂性的这些思想,可以令人信服地扩展到实体系统;实体系统的复杂性,是能够模拟或者描述这个系统的那个最小算法的长度。乍看起来,这个路数似乎相当武断,因为我们还没有确定要被使用的计算机是什么型号。然而,到头来这真不成问题,因为全部通用计算机都能互相模拟。与此相似,我们选用的哪种计算机语言(LISP, BASIC, FORTRAN)是无关紧要的。写出指令,以便把一种计算机语言翻译成另一种,是一桩简单易行的事情。结果是这样:用来翻译语言、用来运作这个程序或者另一台机器的额外程序长度,对程序的总体长度,一般仅仅造成非常小的改变。因此,你不必为你用的计算机实际上是怎么造的这件事担忧。这是一个重要的事情。复杂性的定义与机器无关,这一事实表明:它抓住了这个系统的一个真正存在着的性质,它不仅仅是我们选择来如何描述这个性质的一个函数。

一个更合乎情理的担心,是你如何能知道任何特别的算法究竟是不是最短的。如果发现了一个更短的,那么答案显然就是"不能知道"。但是,到头来,要想确知答案是"能知道",一般是不可能的。这理由可以追溯到哥德尔的不可判定性定理。我们记得,这个定理基于"说谎者"自指悖论("这个陈述是错的")的一个数学版本。柴汀改造了这个概念,使之适用于关于计算机程序的说法。考虑一个情况,一台计算机得到了如下命令:"寻找一个数字串,它只能被一个长于这个程序的程序产生出来。"如果找成功了,那么这个"寻找程序"本身本来就会产生这个数字串。但是如此一来,这个数字串就不可能是

"只能被一个长于这个程序的程序产生出来的那一个。"结论必定是：这种寻找将会失败，即便会不停地找下去。如此一来，这告诉我们什么事情呢？这种寻找意在发现一个数字串，这个数字串需要一个有产生功能的程序，这个有产生功能的程序起码和"寻找程序"一样大；这就是说，任何更短的程序都会被剔除。但是，由于这种寻找失败了，我们就不可能剔除更短的程序。我们一般干脆不知道一个给定的数字串能不能被编码到一个比我们碰巧找到的程序更短的程序中。

对随机的数序列（即随机的数字串）而言，柴汀定理有一个有趣的寓意。【132】如解释的那样，一个随机序列，是一个在算法上不能被压缩的序列。但是，如我们刚才看到的那样，用来产生那个序列的一个更短的程序存在还是不存在，你是不可能知道的。你永远也说不清你是否已经发现了用来缩短那个陈述的全部诀窍。因此，你一般不可能证明一个序列是随机的，尽管你倒能够借助于找到一种压缩，来反驳"不可能证明一个序列是随机的"。这个结果更加离奇古怪，因为几乎全部数字串都是随机的一说能够被证明。只是你不可能精确地知道哪个字串能够被证明是随机的！

按照这个定义，自然中看似的随机事件，或许完全不是随机的，如此猜测是引人入胜的。比方说，我们拿不准量子力学的非决定论就一定是真事儿。毕竟，柴汀定理担保我们永远也不能证明一个量子力学的测量数据序列果真是随机的。它无疑**显得**随机，但圆周率的那些数也是如此。除非你有某种能够揭示潜在秩序的"密码"或者算法，你倒是也有可能正在对付某种货真价实地是随机的东西。可能存在更精制的一种"宇宙密码"吗？——那是一种算法，一种在物质世界里产生量子事件的那些结果的算法，因此把量子非决定论揭露为一个幻觉。在这种"宇宙密码"中，莫非存在一段"信息"，其中包含一些深刻的宇宙秘密？这个想法，已经被一些神学家攥到手里了，他们已经注意到量子非决定论为上帝提供了一个窗口，以便上帝在宇宙中起作用、以便在原子层面上进行操控，手段是"在量子骰子上做手脚"，而并不违背经典（即非量子）物理学的规律。如此一来，神的目的就能烙印在一个可塑的宇宙上，还不过分地让物理学家们觉得苦恼。在第九章中，我将描述属于这类的一个具体的建议。

装备着他的算法定义，柴汀已经能证明随机性弥漫于全部数学（包括算术）。为了证明此事，他发现了一个魔兽般的方程式，包含 17000 个变量（在专业上以"丢番图方程"为人所知）。这个方程式含有一个参数 K，可以用整数值 1、2、3 等等代换之。柴汀现在问道：就 K 的一个给定的值而言，他的魔兽方程式的解,为数有限还是无限? 你可以想象,单调乏味地依次代入 K 的每一个值,把答案记下来:"有限"、"有限"、"无限"、"有限"、"无限"、"无限"……这个答案序列有什么模式吗? 柴汀已经证明:不会存在什么模式。如果我们用 0 代表"有限",用 1 代表"无限",那么产生出来的那个数字串 001011……在算法上不能被压缩。这个数字串将是随机的。

【133】　　这个结果的寓意是令人震惊的。它意味着"一般而言,你为 K 取一个值,你没有什么办法知道(不需要清楚地检查)'丢番图方程'究竟有有限个解还是无限个解。"换言之,对那些定义完善的数学问题,不存在什么系统程序,来提前决定其答案:那些答案是随机的。有 17000 个变量的"丢番图方程"是一个相当特别的数学巨怪,是一个事实,但从这个事实中也得不到安慰。一旦随机性进入了数学,它就肆虐于整个数学领域。关于数学的那个流行的印象,即数学是一堆精确的事实,由定义完善的逻辑路径联系在一起,被揭露是假的。数学中有随机性,因此有不确定性,正如在物理学中一样。按照柴汀的说法,上帝不仅在量子力学中掷骰子,甚至也用整数掷骰子。柴汀相信,数学将必须更被看做像自然科学一样,在其中,结果依赖于逻辑与经验发现的一种混合物上。你甚至可以预知会有一些大学,都有实验数学系。

　　算法信息论的一个令人莞尔的用途,关系到一个不可计算数,即所谓"欧米噶"。柴汀把"欧米噶"定义为:如果计算机的输入仅仅是由二进制随机串构成的,它的程序将停机的概率。某事的概率是 0 和 1 之间的一个数:0 值表示该事是不可能的,1 值表示它是不可避免的。显然,欧米噶将会接近于 1,因为大多数随机输入,对计算机而言,将显得是垃圾,计算机于是就迅速停机,屏幕上出现一条出错报文。然而,可以表明,欧米噶在算法上是不可压缩的,其二进制或者十进制展开,在前几个数字之后,就完全是随机的。因为欧米噶是参照停机问题而被定义的,因此它就以其数字序列,对停机问题编码了一个答案。因此,欧米噶的二进制展开中的前 n 个数字,将包含对"哪些 n 个数字的程序会停机,以及哪些 n 个数字的程序会永远运行"这个问题的答案。

【134】　　查尔斯·贝内特已经指出:一些悬而未决的突出的数学难题(如费马最后定理)中有许多,可以被阐述为一个停机问题,因为这些难题是由一些猜想构成的,猜想是某种不存在的东西(在此例中,是满足费马定理的一套数)。计算机仅仅需要寻找一个反例。如果它找到了一个反例,它就停机;如果它找不到,它就吱吱嘎嘎地永远运行。另外,大多数有趣的难题,可以被编码到程序中,这些程序只有几千个数字长。因此,只需要知道欧米噶的前几千个数字,就会为我们提供解决全部此类突出的数学难题的门径,另外一些在未来可能

被阐述出来的复杂性与此相似的难题也可以像这样得到解决！"在非常小的空间里,它体现着巨量的智慧,"贝内特写道,"只因为它的前几千个数字(可以写在一个小纸条上)包含着比在整个宇宙中可能写下来的问题还更多的问题的答案。"[8]

不幸的是,作为一个不可计算数,欧米噶永远不可能以建设性的手段得到揭示,无论我们为之工作多长时间。因此,除非有某种神秘的启示,欧米噶永远不能为我们所知。即便神灵把欧米噶传到我们的手中,我们也认不出它是什么东西,因为,作为一个随机数,它将不会在任何方面作为一个特别的东西毛遂自荐给我们。它将仅仅是一串没有模式的混乱数字。就我们所能知道的而言,欧米噶的一个有意义的片段,倒能够写在一本课本的某一页上。

包含在欧米噶中的智慧,是真实的,但永远对我们隐藏着,这是由于逻辑的严酷束缚,以及自指性的那些悖论。"不可知之物"欧米噶,或许是古希腊人的"幻数"的现代对等物。对欧米噶的神秘意义,贝内特说得极有诗意:

> 纵贯古今,哲人和神秘之人恒求一精致小巧之键,以叩普遍之智慧。此键即一有限之公式或文本,既为人所知解,迷津即一一点破。《圣经》、《古兰经》、神话之三倍伟大赫尔墨斯之秘籍、中世纪犹太教之秘法,悉被敬奉若此。普遍智慧之源,向不可轻用,由此反得呵护,盖此源难致,既致亦难解,用之则凶,所解之惑,常深于问者所问。与神相似,此神秘之书,简朴而难绘,无所不知;凡知之者,悉被脱胎换骨。……无论如何,欧米噶乃一秘法之数。单凭人理,可听闻,然不可深知。要知其底细,莫非凭借信仰,信服其不可计算之数字序列,目之为经文而已。[9]

【135】

宇宙程序

算法信息论提供了关于复杂性的一个严格定义,其基础是与计算相关的那些观念。追索我们的主题,即把宇宙视为一台计算机——或者更正确地说,视为一个计算过程——关于宇宙的巨大复杂性,在算法上是否可被压缩,这个问题就出现了。是否存在一个紧凑的程序,能在其全部复杂细节上把这个宇宙"产生"出来?

尽管宇宙是复杂的,它显然不是随机的。我们观察到了无数惯常情况。太阳每天按时升起,光总以相同的速度传播,一团μ子总以二百万分之一秒的半衰期衰变,如此等等。这些惯常情况,被系统化为我们所谓的规律。如我已经强调的那样,物理学规律类似于计算机程序。有了一个系统的初始状态(输入),我们就能用那些规律来计算出后来的状态(输出)。

那些规律的信息内容,加上初始条件,通常远少于潜在的输出量。当然,一个物理学规律,写在纸上,看上去或许简单,但它通常是以抽象的数学来构造的,而数学本身需要一点解码活动。另外,为理解那些数学符号所必需的信息是有限的,不过几本教科书的篇幅,然而这些理论所描述的事实,为数是无限的。一个经典例子,是对日食和月食的预言。知道了地球、太阳和月球在某时的位置和运动,我们就能预言未来(和过去)的日食和月食的日期。因此,一个输入数据集产生许多输出集。用计算机的行话来说,我们可以说:日食和月食的数据集,在算法上被压缩进了那些规律外加初始条件。因此,被观察到的宇宙的那些惯常情况,是其算法可压缩性的一个例子。宇宙的潜在复杂性是物理学的简单性。

【136】有趣的是,算法信息论的奠基人之一,雷·索洛莫洛夫(Ray Solomonoff),关心的正是这类问题。索洛莫洛夫想发现一个方法,来测量彼此竞争的那些科学假说的相对可信性。如果某一套关于世界的事实,可以被不止一个理论解释,我们如何从中选择呢?我们能够把某种定量的"值"指派给那些竞争理论吗?简捷的回答,是使用奥卡姆剃刀:你挑独立假设最少的那个。现在,如果你把一个理论想成一个计算机程序,把自然的那些事实想成那个程序的输出,那么奥卡姆剃刀就责令我们去选那个最短的程序,这个程序却能产生那个特别的输出。那就是说,我们应该偏爱的那个理论或者程序,提供关于事实的最大的算法压缩。

以此观之,整个科学事业可以被看做寻找关于观察性数据的算法压缩。科学的这个目标,毕竟是关于对世界的一个简写本的描述的产物,其基础是某些有统一之功的原则,我们称之为规律。"如果没有关于数据的算法压缩的发展,"巴罗写道,"全部科学都将被没有脑子的搜集鸡毛蒜皮所取代——不加选择地积累每一个能够得到的事实。科学定然建立在如下信念之上:即宇宙在算法上是可压缩的,而对一种'万有理论'的现代求索,是对这一信念的终极表达;那个信念是:关于宇宙各种属性背后的逻辑,是有一种缩写本的呈现方式的,人类能够用有限的方式把它写下来。"[10]

那么,我们能够下结论说,宇宙的复杂性全都能被压缩进一个非常短的"宇宙程序"中,其方式很像"生命"游戏宇宙中的复杂性被缩减为简单的一套被重复使用的规则。尽管自然中存在许多算法压缩的明显例子,但并非每一个系统都能够如此被压缩。有一类过程,其重要性只是在最近才为人所意识到,此所谓"混沌"。这些过程,不展现什么规律性,它们的行为显得完全是随机的。因此，它们在算法上是不可被压缩的。人们在以前常常以为混沌是相当例外的，但是科学家们正在承认：许多自然系统是混沌的，或者在某些情况下能够变得混沌。有些大家熟悉的例子，包括紊流、渗水的水龙头、肌纤维颤动的心脏，以及被驱动的翻车机。

即便混沌是相当普遍的，清楚的是，总体来看，宇宙远不是随机的。我们【137】到处都识别出模式，并把这些模式编成规律，而规律真有预言力。但是，宇宙也远不是简单的。宇宙有某种微妙的复杂性，这把宇宙摆在了简单性和随机性这两端的中间。表达这种品质的方法之一，是说宇宙具有"有组织的复杂性"，这是我在我的书《宇宙蓝图》(The Cosmic Blueprint)中详细讨论过的一个话题。为了以数学手段捕捉这种名为"组织"的难以捉摸的品性，已经有许多尝试。有一种尝试归于查尔斯·贝内特，涉及他所谓"逻辑深度"的某种东西。这一尝试不怎么把注意力集中在复杂性的量上，不集中在为确定一个系统所需要的信息量上，而更多集中在它的质或"价值"上。贝内特解释说：

> 掷硬币这个典型的序列，具有大量信息内容，但少有信息价值。一个星历表，提供月球和行星在一百年中每天的位置，具有的信息不比那些关于运动和初始条件的方程式更多；而星历表就是从那些方程式中算出来的，却省了方程式的主人费劲重复计算那么多位置。一条信息的价值，因此就显得坐落……在或许可以被称做其"被埋葬的重复性多余物"的那种东西里——即那些只有克服困难才可被预言的部分，那些接受者在原则上不要别人告诉也能够琢磨出来的东西，却只是要花费可观的时间、金钱和计算。换言之，一条信息的价值，是数学的或其他工作的数量，这种工作被其原创者做得可以叫人信服，也使其接收者免得去重复这样的工作。[11]

贝内特邀请我们把这个世界的状态想成具有编码信息折叠在其中，首先是那些关于那种状态得以成就起来的那种方式的信息。这个问题于是就是这个系统不得不做多少"工作"——就是说，要进行多少信息处理工作——来到达那个状态，这就是他说的"逻辑深度"的那种东西。最短的那个程序将产生出一条信息，以计算这条信息所需要的时间来定义工作量，工作量才被搞得精确。算法复杂性集中于产生某种输出的那个最小程序的长度，而逻辑深度关心的是产生那个输出的那个最小程序的运行时间。

当然，仅仅看看某个计算机输出，你说不出来这个输出是怎么产生出来的。甚至一条相当详细而有意义的信息,也可能是被一些随机过程产生出来的。在那个用烂了的例子中,假以时间,一只猴子也会打出莎士比亚的全部作品。但是,按照算法信息论(以及奥卡姆的剃刀)的那些观点,对这种输出的最可信的解释,是以最小程序确定其原因,因为那涉及最少数目的特别假定。

【138】　　把你摆在一个射电天文学家的位置上,这个天文学家捕捉到了一种神秘的信号。那些脉冲,在摆成一个序列的时候,是圆周率的前一百万个数字。你会得出什么结论?相信这种信号是随机的,涉及一百万比特值的特别假设,而另外一种解释(这条信息源自某种被编程以计算圆周率的机械装置)将会更可信。实际上,属于这一类的一个真实的插曲发生在 1960 年代,剑桥的一位博士研究生乔丝琳·贝尔(Jocelyn Bell),跟安东尼·休伊什(Anthony Hewish)研究射电天文学,捕捉到了来自未知源的有规律的脉冲。与圆周率的那些数字不相似,一系列间隔精确的脉冲少有逻辑深度——在逻辑上它是肤浅的。对于这种有规律的模式,存在许多特别假设很少的可信解释,因为许多自然现象是周期性的。在这一事例中,那个源很快被确定为一颗自转的中子星,或称脉冲星。

　　简单的模式在逻辑上是肤浅的,因为它们或许是被短而简单的程序迅速产生出来的。随机模式也是肤浅的,因为它们的最小程序(就定义而言)不比那个模式本身短很多,因此,还是那样,这个程序是很短、很简单的:它只需要说出某种类似于"打印出模式"这样的东西。但是,高度有组织的模式在逻辑上是深的,因为把它们产生出来,需要许多复杂步骤。

　　逻辑深度的一个明显的用处,是用在生物系统中;生物系统提供最显眼的有组织复杂性的例子。一个生物有很大的逻辑深度,因为,除非通过一个漫长而复杂的进化过程链,它就不可能令人信服地被产生出来。另一个深度系统的例子,可以在像"生命"游戏这样的细胞自动机产生出来的那些复杂模式中发现。在这两个例子中,所用的规则是非常简单的,因此,从算法观点看,这些模式实际上拥有很低的复杂性。"生命"游戏的复杂性的本质,不坐落在规则中,而坐落在对规则的反复使用中。计算机不得不卖力工作,一而再、再而三地使用规则,这才能从简单的初始状态中产生出一些有深度的复杂模式。

　　世界富有深度系统,这些系统显出证据:要把它们捏弄出来,需要巨量的"工作"。默里·盖尔曼(Murray Gell-Mann)曾经对我说,深度系统能够被识别出来,是因为它们是我们希望维持的那些系统。肤浅的东西可以轻易地得到重建。我们看重绘画、科学理论、音乐和文学作品、稀有鸟类和钻石,因为它们都难以制造。汽车、食盐晶体、罐头,我们不怎么看重,它们是比较肤浅的。

那么,关于宇宙程序,我们能得出什么结论呢? 在几个世纪里,科学家们 【139】
一直在马马虎虎地谈论宇宙是"有序的",却没有各种类型的秩序之间的一种
区分方法:简单的和复杂的。计算研究已经使我们意识到世界是有序的,是在
两种意义上说的:在算法上是可被压缩的,以及是有深度的。宇宙的秩序,不
止是军团式的管制,也是有组织的复杂性;从有组织的复杂性中,宇宙得到了
它的开放性,并且允许具有自由意志的人类的存在。在三百年里,科学一直受
着前者的统治:即寻找自然中的简单模式。近些年来,随着高速电子计算机的
问世,复杂性的真正基本的性质已经得到了充分的认识。因此,我们看到,物
理学规律有双重的工作。物理学规律提供全部物质现象之下的一些简单模
式,它们也必定关系到使深度(有组织的复杂性)浮现出来的那种形式。我们
的宇宙的那些规律拥有这种至关重要的双重属性,是一个关系到货真价实的
宇宙意义的事实。

第六章　数学的秘密

　　天文学家詹姆斯·金斯(Ames Jeans)曾经声称:神是一位数学家。这个精辟的说法,以比喻的方式,表达了一个信念,如今几乎全部的科学家都相信。世界的潜在秩序,可以用数学形式来表达,这一信念坐落于科学的核心,并且很少遭到怀疑。这个信念如此深入人心,有人认为,一个科学分支,在能够以不带个人感情的数学语言表达之前,不会得到恰当的理解。

　　如我们已经看到的那样,物理世界是数学秩序与和谐的展现,这一思想可以追溯到古希腊。在文艺复兴时期的欧洲,由于有了伽利略、牛顿、笛卡尔及其同代人的研究工作,这一思想臻于成熟。"自然之书,"伽利略发表意见说,"是用数学语言写成的。"为什么事情会是如此? 此乃宇宙中的大谜之一。物理学家尤金·魏格纳(Eugene Wigner)曾经写到"数学在自然科学中的这种不合情理的有效性,"引用皮尔斯(C. S. Pierce)的话说,"很有可能,这里存在某种秘密,仍然有待于发现。"[1] 一本最近出版的书,[2] 专论此话题,收录了十九位科学家的论文(本书作者忝列其中),无能于发现这个秘密,甚至达不成什么共识。真是众说纷纭,有人主张人类仅仅是发明了数学,以迎合经验的事实;有人相信,在自然的数学面貌之后,存在一种深刻而有内容的意义。

数学已经"在那儿"吗?

　　在我们处理"不合情理的有效性"这个话题之前,对数学是什么这个问题有些理解,是重要的。有两个大体上对立的思想流派,关心数学的性格。第一个流派主张数学纯粹是人类的一种发明,第二个流派认为数学有一个独立的存在。在第四章里,在讨论希尔伯特关于用来证明定理的机械化设想的时候,我们已经遇到过"发明说"或称形式主义的版本之一。在哥德尔的研究之前,我们不可能相信数学是一桩完全形式的操作,无非由一大堆逻辑规则构成,这些规则把此一套符号和彼一套符号联系起来。数学大厦被视为一个完全自给自足的结构。任何与自然世界的联系，都被认为是凑巧的，与数学事业本身没有任何关系；数学仅仅关心经营和探索形式规则的那些推论。如在前一章解释的那样，哥德尔的不完全性定理，为这种严格的形式主义立场送了终。然而，许多数学家保留如下信念：即数学仅仅是人类心灵的一个发明，没有超过数学家们指派给它的意义之外的意义。

对立的流派是所谓柏拉图主义。柏拉图，大家会记得，对现实采取二元论的看法。一方面矗立着物质世界，是被"神工"（Demiurge）创造的，流动而不居；另一方面矗立着理式王国，恒久而不变，为物质世界发挥某种抽象模板的作用。数学对象，他认为，属于这个理式王国。按照柏拉图主义者的看法，我们不曾发明数学，我们**发现**数学。数学对象和规则享有一个独立的存在，它们超然于针对我们感官的物质现实。

为了把这种二分法的焦点对清晰，让我们看一个具体例子。考虑一下这个陈述："二十三是大于二十的最小素数。"这个陈述或者是真的，或者是假的。其实，它是真的。我们面前的问题，是这个陈述是否在非时间的绝对意义上是真的。在素数被发明或者发现之前，这个陈述就是真的吗？柏拉图主义者会回答"是"，因为素数存在，抽象地存在，无论人类知不知道它们。形式主义者把这个问题贬为没有意义。

职业数学家怎么想？ 常常有人说，数学家们在工作日是柏拉图主义者，在 【142】
周末是形式主义者。在实际研究数学的当口，很难抵抗这么一个印象，即一个人真的投身于发现的过程，很像在一门实验科学中那样。数学对象自有生命，而且常常展现出一些完全不曾预料到的属性。另一方面，关于一个由数学的理式构成的超然王国这个概念，似乎太神秘，神秘到许多数学家难以认可；如果遭到挑战，他们通常会说：在投身于数学研究的时候，他们仅仅是在用符号和规则玩游戏。

然而，有些杰出的数学家自我承认是柏拉图主义者。其中的一位是科特·哥德尔。如有人可能预料的那样，哥德尔把自己的数学哲学建立在他对不可判定性的研究上。他推断：总会存在一些数学陈述是真的，但从现存的公理中，它们永远不可能被证明是真的。他因此想象这些真陈述已经存在于一种柏拉图式的领域"那儿"，这领域为我们的理解力所不及。另一位柏拉图主义者是牛津的数学家罗杰·彭罗斯。"数学真理是某种超过了单纯形式主义的东西，"他写道，[3]"关于这些数学概念，常常显得存在某种深刻的真实性，大大超过任何特别的数学家的思虑。好像人类思想受着引导，走向某种外在的永恒真理——一种自有其真实性的真理，只能部分地被揭示给我们中间的任何某

101

个人。"以复数系统作例子,彭罗斯觉得它具有"深刻的、不受时间影响的真实性。"[4]

【143】 鼓舞彭罗斯采纳柏拉图主义的另一个例子,是某种名为"曼德布洛集"的东西,根据 IBM 的计算机科学家伯努瓦·曼德布罗(Benoit Mandelbrot)命名。这个集其实是一个名叫"分形"几何形式,这形式与混沌理论关系密切,并且提供了另外一个重要的例子,表明一个简单的递归运作如何能产生一个具有难以置信的丰富多样性与复杂性的对象。这个集的产生,借助于对 $z(z^2 + c)$ 这个规则(或映射关系)的连续运用;z 是一个复数,c 是某一个不变复数。这个规则的简单意思是:选取一个复数 z,并且把它代入 $z^2 + c$,然后使得数等于 z,并且做相同的代换,如此反反复复地进行。随着这个规则的运用,这些连续的复数可以画在一张纸或计算机屏幕上,每一个数用一个点来表示。被发现的事情,是对 c 的某些取值而言,那个点很快离开屏幕。然而,对另一些取值而言,那个点却在一个有界区域永远徘徊。现在,c 的每一取值本身对应于屏幕上的一个点。全部这样的 c 点凑起来,就构成"曼德布洛集"。这个集拥有一种非同寻常的复杂结构,言辞难以形容其令人叹为观止的美妙。这个集上的片段,有很多例子被用作艺术性的展示。"曼德布洛集"的一种别具一格的特色,是它的任何片段都可以被再三地放大而无止境,并且分辨率的每一新的层面,都带来赏心悦目的新花样。

彭罗斯评论说,在曼德布洛开始对这个集的研究的时候,他对其内在固有的那种出神入化的精致构造确实没有先见之明:

> 曼德布洛集结构的复杂状态的完整细节,实在不可能被我们任何人充分领会,也不可能被任何计算机充分展示。这种结构似乎不仅仅是我们心灵的部分,毋宁说它有其自身的真实性。……计算机的被使用,从实质上说,在方式上与实验物理学家使用一件实验装置来探索物理世界的结构是相同的。曼德布洛集并非人类心灵的一个发明:它是一个发现。就像喜马拉雅山,曼德布洛集本来就在那儿![5]

数学家兼知名的通俗作家马丁·加德纳(Martin Gardner)赞同这个结论:"任何人竟然能设想这个具有异国情调的结构,并不像喜马拉雅山那样已经存在'在那儿',等着被我们探索,在方式上就像一处丛林等着被探索一样。彭罗斯觉得他们这么想不可理解(我也是)。"[6]

【144】 "数学是发明还是发现?"彭罗斯问道。数学家们被自己的发明之物搞得

如此走火入魔,以至于把某种伪造的现实性羼进了那些发明之中,是这样吗?"或者,数学家们确实在揭示一些真相,这些真相实际上已经'在那儿'——这种真相的存在,非常独立于数学家们的活动,是这样吗?"在宣布他忠诚于后一个观点的过程中,彭罗斯指出,在像曼德布洛集这样的事例中,"出自那个结构的东西,远远多于先被放在其中的东西。你可以采信这么一个观点,即在这种事例中,数学家偶然发现了'神的作品。'"确实,在这个方面,他在数学和出自灵感的艺术品之间看到了一种相似性:"在艺术家们的最伟大的作品中,他们在揭示永恒的真相,此种真相有某种先验而超凡的存在;此种感觉,在艺术家们中间并不鲜见。……我不禁觉得,就数学而言,相信某种超凡而永恒的存在……是一个强得多的立论。"[7]

如下印象,容易得到:存在一个宽广的境地,其中有大批数学结构;数学家们探索这个怪异、却也令人振奋的领域,或许也借助于经验之手的引导,或者也参考最近那些发现成果的指引。数学家们在一路上遇到了一些已经存在在那儿的新形式和新定理。数学家鲁迪·拉克(Rudy Rucker)认为数学对象占据着某种心智性的空间——他称之为"心境"("Mindscape")——正如物质对象占着物理空间。"一个搞数学研究的人,"他写道,"是一个'心境'的探索者,颇似于阿姆斯特朗、利文斯通或者库斯托是我们宇宙的物理性质的探索者。"不同的探索者时不时地会走过相同的地带,独立地报告他们的发现。拉克相信"正如我们共享一个宇宙,我们也共享一样的'心境'。"[8]约翰·巴罗也把数学中的独立发现这一现象引为"某种客观性质"的证据,它独立于研究者的心灵。

彭罗斯猜想数学家搞出发现并且互相交流数学结果,其方式提供了一种柏拉图式的领域或者"心境"的存在证据:

> 我设想,每当心灵察觉到了一个数学观念,它就和柏拉图的数学概念世界有所接触。……当你"看到"一个数学真理的时候,你的意识就闯进了这个观念世界,与之直接接触。……在数学家们交流的时候,这种交流之所以可能,是因为每个人都拥有**走向真理的一条直接的道路**,各人的意识都处在直接察觉数学真理的位置上,都经由这种"看"的过程。因为每个人都能与柏拉图的世界直接接触,他们就能更容易地互相交流,超过了你期望的程度。各人拥有的意象,在做这种帕拉图式的接触的时候,在每一事例中或许是相当不同的,但是交流之所以是可能的,是因为个人都直接接触**同一个永恒存在的柏拉图世界**![9]

【145】 有时这种"闯人"是突然的,有戏剧性,并且提供一般被称做"数学灵感"的那种东西。法国数学家雅克·哈达玛(Jacques Hadamard)对这种现象做过研究,以多年与整数问题搏斗的卡尔·高斯(Carl Gauss)为例:"正如一道突如其来的闪电,这个谜冷不丁地就解开了。以前我知道的东西和使我取得成功的那个东西连接了起来,我自己讲不清导致这种连接的那条引导线索是什么。"[10]哈达玛还提供了亨利·庞加莱(Henri Poincare)的著名案例。庞加莱钻研一个和某些函数有关的难题,花了很多时间,却劳而无功。一天,庞加莱动身去进行一次地质探索,上了公共汽车。"就在我的脚踏在车梯上的那一刻,那个想法光临于我,我以前的思想中似乎没有什么东西为这个想法铺平道路,"他如此报告。[11]他非常肯定那个难题已经得到了解决,就把它放回心里,继续与人交谈。他旅行归来,得了空闲,能相当容易地证明那个结果。

关于他对黑洞和时空奇点的研究,彭罗斯讲述了一个相似的事件。[12]在伦敦的一条街上,他正跟人谈话,然后准备穿过一条熙熙攘攘的马路,就在此时,那个至关重要的观念闯到了他心里,却只是一闪而过,因此,在马路的另一边,他接着跟人谈话,那个观念就消失无踪了。只是到后来,他才感觉到一种奇怪的得意,在心里复述那天发生的事情。最后,他记起了那道稍纵即逝的灵感之光,知道它是解决长久占据他心神的那个难题的钥匙。只是在一些时间之后,那个观念的正确性才得到了严格的证明。

许多物理学家也有这种柏拉图式的数学观。比方说,海因里希·赫兹(Heinrich Hertz),第一个在实验室里产生并探测出无线电波的人,曾经说:"你逃不开这么一种感觉:这些数学公式自有其独立的存在,它们比发现者更聪明,我们从它们那里所得到的东西,多于我们当初投入它们的东西。"[13]

我曾经问过理查德·费曼,他是否认为数学以及(广而言之)物理学规律有某种独立的存在。他回答说:

> 关于存在的这个难题,很有趣,也很难。如果你搞数学,那仅仅是从假设中琢磨出推论;如果你把几个整数的立方加起来,你会发现一个怪异的事儿。比方说,1的立方是1,2的立方是2乘以2乘以2得8,3的立方是3乘以3乘以3得27。如果你把这些数的立方加起来,1加8加27——让我停在这儿——那是36。36是另一个数即6的平方;36也是那同一些整数的和:1加2加3……加8。现在,我刚才告诉你的那个事实,或许你以前并不知道。你可能说:"这事实存在在哪儿?这事实是什么东西?它坐落何处?它有什么样的现实?"然而,你是碰到了它而已。在你

发现这些事儿的时候,你有一种感觉:在你发现它们之前,它们也是真的。因此,你有了这么一个想法:不知道怎么的,它们本来就存在于某个地方,但这种东西没有存身之处。这仅仅是一种感觉。……那个,说到物理学,我们有双重的麻烦。我们碰到了这些数学性质的相互关系,但这些关系适用于宇宙,因此它们存在于何处这个难题就双倍地令人困惑。……那都是些哲学问题,我不知道怎么回答。[14]

宇宙计算机

近些年来,对数学本质的思考,日益受到计算机科学家的影响,他们对这个问题自有特别的看法。有些思想体系意在为数学赋予意义,不令人惊讶的是,许多计算机科学家或许把计算机视为这种思想体系中的一个核心组件。在其极端形式中,这种哲学宣称,"不能被计算的东西,没有意义。"特别是,关于物质宇宙的任何描述必定用到数学,而数学在原则上能被计算机执行。显然,这宣布第五章描述的那类理论都是不可能的,那些理论都涉及对物理量的不可计算数的预期。涉及无限步骤的数学运算,都得不到允许。这把数学的几大片排除在外了,但它们已经被用于实体系统。更严重的是,如果你假定宇宙的计算能力是有限的话,甚至那些必然包含有限但非常多步骤的数学结果也是可疑的。拉尔夫·兰道是这种观点的倡导者:"不仅物理学决定计算机能够做的事情,而且计算机能够做的事情反过来也能界定物理学规律的终极本质。毕竟,物理学规律是处理信息的一些算法,除非这些算法在我们的宇宙(以其规律和资源)中可被执行,它们就没有意义。"[15]

如果有意义的数学靠的是宇宙可能有的资源,那就有深远的寓意。按照标准的宇宙学理论,自从宇宙起源以来,光只能旅行一个有限的距离(基本上是因为宇宙的年龄有限)。但是,没有什么物质对象或者影响力,特别是,没有什么信息,能够超过光速,由此可以说,跟我们有因果牵扯的宇宙的这个区域,就仅仅包含有限数目的粒子。这个区域的外缘是所谓我们的"视野"。它是从大爆炸时的宇宙中的我们近旁发出的光线迄今能到达的最遥远的空间表面。说到计算,显然,只有信息能够在其间流动的那些宇宙区域,才可能被认作单一的计算系统的部分;这将是我们视野之内的那个区域。设想这个区域内的每一个粒子都被征召而且被归并到了一台庞大的宇宙计算机里,那么,甚至这台令人生畏的机器也将有有限的计算能力,这是因为它包含有限数目的粒子

（其实大约是 10^{80} 个）。比方说，它甚至不能把圆周率计算到无限精确的程度。按照兰道的看法，如果作为一个整体的宇宙不能计算它，那就把它忘了吧。因此，"卑微的圆周率"将不再是一个精确定义的量。这有这么一种弦外之音：一个圆的圆周与直径之比，不可能被认作一个精确而固定的数（甚至在圆是以完善的几何线画成的这种理想化的情况下也是如此），而是要受不确定性的摆布了。

更奇怪的是如下这个事实：因为在光向空间外运动的时候，我们的视野也随着时间延伸，那么这个视野之内的这个区域能够有的资源，在过去将是比较少的。这意味着数学是**因时而变的**，这个概念与柏拉图把数学真理看做不受时间影响的、超然和永恒的观点针锋相对。比方说，在大爆炸之后的一秒钟，那时的视野量将仅仅含有目前的原子粒子数目的一个微小的部分。在所谓普朗克时间（10^{-43}）上，视野量别具一格地只含有一个粒子。在普朗克时间的宇宙的计算能力，在本质上说是零。跟随兰道的哲学，一直达到其逻辑结论，那就表明：全部的数学在那个时代都是没有意义的。如果是这样，那么把数学物理学运用于早期宇宙（特别是第二章描述的量子宇宙学和宇宙起源的全部程序）——也都被搞得没有意义。

为什么是我们？

"关于宇宙的唯一不可理解的事情，是宇宙是可以被理解的。"

阿尔伯特·爱因斯坦

科学事业的成功，常常能使我们视而不见科学管用这个事实。尽管大多数人视之为当然，但是我们凭借使用科学方法就有能力领会自然的运行方式，此事既是难以置信地运气好，也难以置信地神秘。如我解释过的那样，科学的实质是揭发自然中的模式和规律性，手段是找到对观察结果的算法压缩。但是，来自观察的生糙数据，难得展示清楚明白的规律性。我们反而发现自然秩序对我们隐而不彰，是用密码写成的。为了在科学中取得进展，我们需要破解宇宙密码，需要对生糙的数据刨根问底，需要揭示暗藏的秩序。我常常把基础科学比作拼字游戏。实验与观察为我们提供线索，但这些线索是隐秘的，需要了不起的巧智才可解开。随着每一个新的解决方案，我们对自然的总体模式就多了一孔之见。正如对付一个拼字游戏，对付物质宇宙也是一样，我们发现：根据一些分离的线索而来的那些解决方案，以一种全盘连贯、相互支持的方式，连接了起来，构成了一个内在一致的整体，以至于我们解决的线索越多，我们发现把那些缺失的方面填补起来就越容易。

令人瞩目的事情,是人类能够执行这种破解密码的活动,是人心拥有必要【149】的智力装备给我们来"破解自然的秘密",并且发起一种可行的努力,意在完成自然的"神秘的字谜游戏"。容易想象一个世界,在其中,自然的规律性是透明的、明摆着的;任何人只消一瞥,即能了然于心。我们也可以想象另一个世界,在其中,不存在什么规律性;或者存在规律性,但规律性隐藏得如此周密、如此微妙,宇宙密码需要远比人类拥有的脑力更强大的脑力来解码。但是,我们却发现了这么一个境况,在其中,宇宙密码的难度,好像几乎与人类的能力相协调。不可否认,在解码自然的过程中,我们做过颇为顽强的挣扎;但是,到目前来看,我们已经取得了不少的成功。这种挑战的难度,刚好足以把可能搜罗到的那些最好的头脑中的一部分吸引过来,但也不过分困难,不难到把他们共同的努力打翻在地的程度,迫使他们去找比较轻松的活儿。

这一切中的神秘难解之事,是人类智力想必是被生物进化过程决定的,绝对地和搞科学没有关系。我们的大脑,响应着环境压力,而得以进化,如狩猎的能力、避开狼虫虎豹、闪过落下的物件,等等。如此勾当,和发现电磁学规律或者原子结构有啥干系?约翰·巴罗也困惑不解:"为什么我们的认识过程把自己调试得适合于这么一种奢侈的探索,即要理解整个宇宙?"他问道,"为什么应该是我们呢?在我们进化过程的前意识阶段,科学所牵扯到的那些老练而复杂的概念,没有一个显得会提供选择性质的优势,可以用来自利。……我们的心灵(至少是某些人的心灵)竟然端着架势要去打探宇宙秘密的深度,此事有多么凑巧而幸运啊。"[16]

我们在推进科学进步一事中匪夷所思的成功,其不可理解之处,更被人类【150】教育发展的限制条件搞得更加不可理解。一方面,有某种程度的限制条件,在这个程度上,我们才能掌握新事实和新概念,特别是那些抽象性质的概念。学生通常需要学习至少十五年,才可能充分掌握数学和科学,以便对基础研究做出一份真正的贡献。然而,众所周知,特别是在数学物理学当中,重大的进展是那些二十来岁、或者三十出头的男男女女搞出来的。牛顿,比方说,在他偶然发现万有引力定律的时候,年仅二十四。狄拉克在阐发他的相对论性波动方程的时候,还是一个博士研究生,那个方程导致了反物质的发现。爱因斯坦,在创造性活动辉煌灿烂的几个月中,把狭义相对论(统计力学的基础)和光电效应结合起来,其时二十六岁。尽管年龄大些的科学家会立刻摇头,但存在有力的证据支持如下说法:科学中真正有创造发明之功的创造力,在中年之后就渐渐灰暗。把从教育中得到的进步与逐渐衰微的创造力结合起来,为科学家划定了活动的时间范围,这个范围提供了一个短暂、但性命攸关的"机会之窗",以在其中做出一份贡献。然而,智力上的这些限制条件,推测起来,植根于进化生物学的那些平淡无奇的方面,与人类的寿命、大脑的结构以及我们这个物种的社会组织方式相关。那么,所牵扯的如此这般的这个时间段,却允许创造性的科学尝试,有多么怪异啊。

还是那句话,容易想象一个世界,在其中,我们都有足够的时间来了解必要的事实和概念,以便搞基础科学;也可以想象另一个世界,在其中,要花费太多的岁月来学习全部必要的东西,死神却来横加阻挠,要不就是你有创造力的年华已然逝若流水,而教育阶段还远远不曾完成。人类心灵如此怪异地得到了调试,适合于理解自然的运行,这种特色以数学为最令人震惊;数学是人类心灵的产品,却不知怎么与宇宙的秘密联系在一起。

为什么自然规律是数学性质的?

为什么宇宙的基本规律是数学性质的?没有几个科学家停下来玩味此事,他们干脆把那视为当然。然而,"数学研究成果"在被用到物质世界的时候,竟然管用到令人扼腕称奇的地步,这么一个事实,需要得到解释吧,因为,期望世界应该由数学描述得很好,我们有没有什么绝对的权力如此期望,那是不清楚的。尽管大多数科学家想当然地认为世界必定就是那个样子,科学史却警告我们不要这么想当然。我们世界的许多方面,一直被视为当然,却被揭示为特别的条件或者环境所导致的结果。牛顿关于绝对而普遍的时间概念,是一个经典的例子。在日常生活中,对时间作此想法,把我们伺候得好好的;但是,到头来,这个概念很管用,却仅仅是因为我们动得远比光慢。数学很管用,莫不是因为某些其他特别的境况?

[151] 解开此谜的路数之一,是把数学的这种"不合情理的有效性"(用的是魏格纳的措辞)看做一种纯粹的文化现象,看做人类为思考这个世界所选择的那种方式的一个结果。康德警告道:如果我们透过玫瑰色的眼镜来看这个世界,那么如果这个世界看来是玫瑰色的,那不令人惊奇。他主张,我们趋向于把我们自己关于数学概念的心智私见投射到世界上。换言之,我们把数学秩序读入了自然中,而非从自然中读出了数学秩序。这个论点,有些力度。毫无疑问,科学家们在研究自然的时候,偏爱于用数学,并且趋向于选择那些顺从数学处理方式的问题。自然的有些方面,并不能很容易地被数学捕捉到(例如生物系统和社会系统),就趋向于遭到轻视。有一种倾向,把落在可数学化范畴之内的那些自然特色,说成"基本的"。"为什么自然的基本规律是数学性质的?"这个问题于是就招致了一个琐碎的回答:"因为我们把那些数学性质的规律定义

为基本规律。"

我们的世界观显然部分地是被我们大脑的构造方式决定的。出于我们难以猜度的某些生物学选择的理由，我们的大脑进化得能够识别和注意自然的一些方面，这些方面展现出数学的模式。如我在第一章评论的那样，你可以想象一种外星人的生命形式，他们有完全不同的进化史，而且他们的大脑和我们的大脑少有相似之处。这些外星人可能没有我们的那些思想范畴，没有我们对数学的这份偏爱，他们看世界的方式，在我们看来，会是完全不可理解的。

那么，数学在科学中的成功，就仅仅是一桩文化性质的巧事儿，是我们的进化史和社会史的一场意外事故吗？一些科学家和哲学家已经声称，事情正是如此；但是，我直言我觉得这个断言整个太油腔滑调了，我的理由有不少。首先，数学的很大部分，在物理理论中有效得令人叫绝，是纯粹的数学家们在好久之前琢磨出来的；他们以之为某种抽象的练习，当时不曾被用到真实世界上。原本的那些研究，与最终对它们的应用，完全没有联系。这个"从纯粹智力中创造出来的独立世界"（詹姆斯·金斯如此表达之），后来却被发现在描述世界一事中有用。英国数学家哈代（G. H. Hardy）写道：他操练数学，是因为它的美，不是因为它的实际用处。他几乎是骄傲地宣称：就他所取得的无论什么研究成果而言，他预见不到任何有用的应用价值。

然而，我们发现，常常是在若干年之后发现，自然的表现，遵守的正是相同的数学规则，那是纯粹的数学家们早就已经阐述过的规则。（具有讽刺意味的是，其中也包括哈代的不少研究成果。）金斯指出：数学仅仅是许多思想体系中的一个。存在着一些尝试，建立的宇宙模型（比方说）好像一个生物，或者好像一台机器。这些尝试不曾取得什么进步。为什么数学的路子就应该被证明是如此成果丰硕，假如它发现不了自然的某种真实属性的话？

彭罗斯也考虑过这个话题，并且摒弃那个文化性质的观点。在谈到像广 【152】
义相对论这样的理论所取得的辉煌成功的时候，他写道：

> 我很难相信，如有些人试图主张的那样，这些如此"超尘拔俗的"理论竟然能够仅仅出自对观念的某种随机的自然选择，只留下好观念作为生存者。好观念干脆是好得过分了，好到不可能是在随机方式中幸存下来的观念。毋宁说，数学与物理之间，即柏拉图世界与物理世界之间的这种琴瑟和谐，必定存在某种深刻的潜在理由。[17]

彭罗斯认可的那个信念，我发现大多数科学家都相信，即：数学物理学的那些重大进展,确实代表现实的某个真实的方面,而非仅仅是对数据的重新组织,使其在形式上更适于人类心智来消化。

也有人论证说,我们的大脑结构进化得能够反映物质世界的那些属性,其中有数学内容,因此,我们在自然中发现有数学,此事并不令人惊讶。如已经评论过的那样,人类大脑进化出了非同一般的数学能力,这肯定是一件令人惊讶之事,并且是一个深刻的秘密。很难看出抽象的数学怎么会有任何有利于生存的价值。与此类似的说法,也适用于音乐能力。

【153】到头来,我们以两种泾渭分明的方式来理解世界。第一种方式,是借助于直接的感知;第二种方式借助于运用理性的推理,以及更高级的心智功能。以观察一块石头的下落为例,这个物理现象发生于外在世界中,反映在我们的心灵里,因为我们的大脑构造了一个心智性的内在的世界模型,在这个模型中,一个相当于那个物质对象"石头"的实体,被认为在三维空间中运动:我们**看到**石头下落。另一方面,你能以一种全然不同的、更加深刻的方式,来理解石头的下落。根据牛顿定律外加一些合适的数学,你能制造另一种关于石头下落的模型。这不是那种在感知意义上的心智模型;然而,它仍然是一个心智的构造,而且是一个把关于那块石头下落这一具体现象和关于物理过程的一个更广大的知识实体结合起来的构造。运用物理学规律的数学模型,并非我们实际**看到**的那个东西,但是,就其自身的抽象方式而言,它是关于世界的一类知识,而且是关于一个更高层面的知识。

在我看来,达尔文的进化论似乎装备了我们,能够凭借直接感知而知道世界。这其中显然有进化优势,但在这种感官知识和心智知识之间,不存在明显的联系。学生常常要和物理学的某些分支(如量子力学和相对论)苦斗,因为他们试图借助于在心里把它们形象化来理解之。他们想用心灵之眼"看到"弯曲空间或者电子的活动,最终却彻底地大发牢骚。这和缺乏经验没有关系——我不相信任何人真能构造这些东西的一个精确的视觉形象。这也不出人意料——量子和相对论物理学,和日常生活并不特别相关;我们有那份脑筋,能把量子论系统和相对论系统合并在我们关于世界的心智模式中,这也没有什么选择上的优势。然而,尽管如此,物理学家却能够理解量子物理学和相对论的世界,手段是使用数学、经过选择的实验活动、抽象的推理,以及其他理性的程序。神秘难解的事情,是为什么我们拥有这种双重的能力,借此来知道世界。没有理由相信,第二种方法出自对第一种方法的改善。这两种认识事情的方法,是完全彼此独立的。第一种明显地服务于生物学的需要,后一种完全没有一目了然的生物学上的重要性。

在我们考虑到世界上有数学天才和音乐天才这回事的时候,这个神秘难解之事更不可理解了;他们在数学和音乐领域中的高超才能,在数量级上超过了其余的芸芸众生。高斯和黎曼这样的数学家,得到他们那些振聋发聩的洞见,不仅凭借炉火纯青的技艺(高斯是一个神童,有照相存储器般的记忆力),而且也借助于在没有证据的情况下把定理写下来这种能耐,却让后世的数学家们为得到证明方式而苦苦挣扎。这样的数学奇才怎么能够想出他们的那些"现成的"结果,等到后来证明方式出来的时候,那却涉及连篇累牍的复杂的数学推理,此事真是一个大谜。

最著名的例子,多半是印度数学家拉曼纽扬(S. Ramanujan)。十九世纪后【154】半期,出生于印度,拉曼纽扬家境贫寒,仅仅受到有限的教育。数学几乎是他自学的,孤立于主流学术生活之外,他接近这个学科,在方式上颇为不合常道。拉曼纽扬写下了许多定理,却没有证明;其中的一些,在性质上很是怪异,循规蹈矩的那些数学家通常想不到。拉曼纽扬的部分结果最终引起了哈代的注意,哈代大吃一惊。"与此有丝毫相似的东西,我以前不曾见识过,"他评论说,"只看一眼,就足以表明,这些定理只能出自某位顶级数学家之手。"哈代能证明拉曼纽扬的部分定理,动用了他自己全部高超的数学技巧,只是难到极点。另外一些结果,彻底把他难住了。然而,他感觉它们必定是正确的,因为"没有什么人有炮制这种东西的那份想象力。"哈代随后安排拉曼纽扬来到剑桥,和他一起研究。不幸的是,拉曼纽扬不适应文化差异,也有健康问题,结果英年早逝,年仅三十六,为后世留下了大量数学猜想的存货。时至今日,没有人真明白他如何成就了此番超尘拔俗的伟业。一位数学家评论说,那些结果似乎就那么"从他脑子里流出来了",丝毫不费劲。这种情况,在任何数学家那里都够了不起,而在一个大体上不熟悉正经数学的人那里,就货真价实地非同凡响了。我们不禁要设想:拉曼纽扬有一种特别能力,他因此就能直接而生动地看到"心境",并且把那些现成的结果信手拈来。

几乎同样神秘的,是那些神算手的怪事儿——那些人能表演快速心算这种匪夷所思的技艺;究竟是怎么得到答案的,连他们自己也毫不知晓。沙昆塔拉·德菲(Shakuntala Devi)生活在印度的班加罗尔,但定期周游世界,以其心算娱乐观众。在德克萨斯州的一次令人难忘的表演上,在五十秒钟之内,她发现了一个二百位数的二十三次根。

甚至更怪异的,或许是那些"孤独症博学家"的例子。这些人有精神残疾,【155】连做最基本的形式算术运算都有困难,却有超人的能力来为常人觉得不可能再难的那些数学问题提供正确的答案。例如,美国的兄弟俩,能始终如一地发现素数,胜过了计算机,即便两个人都有精神残障。另一个例子,上过英国的电视,一个精神残疾的男人,几乎立刻就说得准任何日期是星期几,即便那日子在另一个世纪。

当然,我们习惯了这个事实:人类全部的能力,身体的和心智的,相差很大。有些人能跳离地面六英尺,我们大多数人刚刚能对付到三英尺。但是,想象走过来一个人,一蹦六十英尺或者六百英尺高!然而,数学天才展示的那种心智的跳跃,比身体技能上的差异过分得多。

要理解基因如何控制我们的心智能力,科学家们还有很长的一段路要走。拥有为出神入化的数学能力编码的那种遗传印记的人,或许非常稀罕,或者也可能不那么稀罕,而是相关的基因通常闭着开关。然而,无论怎么说,必要的基因就在人类基因库里。数学天才发生于每一代人中,这个事实表明:在人类基因库里,这一品质是一个相当稳定的因素。假如这个因素是凭偶然进化来的,而不是为应对环境压力而进化来的,那么数学如此适用于物质宇宙,就的确是一个令人震惊的巧合。话说回来,如果数学能力确实有某种隐而不彰的生存价值,是凭自然选择进化来的,那么我们仍然面对"为什么自然规律是数学性质的"这一神秘难解的问题。说到底,"在丛林里"求生存,不需要关于自然规律的知识,只需要知道自然规律的表现。我们已经明白,规律本身写在密码里,完全不以简单的方式联系于遵守那些规律的物质现象。生存依赖于明白世界的方式,不依赖于明白任何隐藏着的潜在秩序。肯定地说,生存不可能依赖于原子核、黑洞或者在地球上只产生于粒子加速器内部的亚原子粒子中的隐藏着的秩序。

[156]　　　或许可以设想,在我们弯腰闪过一支飞箭的时候,在判断跑得多快才跳得过一条溪流的时候,我们是在利用关于力学规律的知识,但这么想是相当错误的。我们利用的东西,是以前在相似情况下的经验。在面对这种挑战的时候,我们的大脑自动反应;大脑并不计算牛顿的运动方程,就像物理学家在科学地分析这种情况时所做的那样。在三维空间中做关于运动的判断,大脑需要某些特别的本事。搞数学(如描述这个运动所需要的微积分)也需要特别的本事。我看不到什么证据,来断言这两套显然非常不同的本事其实是相同的,或者断言一套属性是另一套属性的(多半是偶然的)副产品。

其实,全部证据支持相反的说法。大多数动物也有我们的能力,也会躲避飞箭,也会跳得有效;然而,它们展现不出什么可观的数学能力。比方说,鸟比人更熟练于利用力学规律,鸟的大脑因此就进化出一些非常老练的品质。但是,用鸟蛋做的实验已经证明:鸟数数不能数到三。对自然的那些有规律的情况的意识,如展现在力学中的那些,具有很好的生存价值,并且在非常原始的层面上,被连线在动物和人类大脑中。相比之下,名副其实的数学是一种高级的心智功能,显然为人类所独有(就地球上所有的生命而言)。数学是自然中所知的那个最复杂的系统(人类大脑)的一种产物。然而,这个系统所产生的数学,却在自然的那些最基本的过程(亚原子层面上的过程)中找到了最能成功地显示身手的用武之地。为什么那个最复杂的系统以这种方式联系于自然的最原始的那些过程呢?

或许有人争辩说,因为大脑是一些物理过程的一个产物,大脑就应该反映那些物理过程的本质,包括反映它们的数学性格。但是,在物理学规律和大脑结构之间,其实不存在什么直接的联系。大脑不同于寻常物质之处,在于大脑复杂而有组织的形式,特别是那些神经元之间的复杂而精致的相互联系。这种布线图不可能单凭物理学规律得到解释。它依赖于许多其他因素,包括一群偶然事件;这些偶然事件必定发生于进化史之中。有助于形成人类大脑结构的规律无论是什么(如孟德尔的遗传定律),那些规律与物理学规律之间都不存在简单的关系。

不知道每件事情,为什么我们能知道某些事情?

这个问题,是许多年前由数学家赫尔曼·邦迪(Hermann Bondi)提出的,今天,以量子论取得的进步来看,这问题甚至更成问题。常有人说,自然是一个统一体,世界是一个相互联系的整体。从某种意义上说,这么说是对的。但是,我们能够构造出关于世界的一些个别部分的非常详细的理解,而不需要事事都知道,此论也是成立的。确实,如果我们不能一小步一小步地进展,科学将是完全不可能的。因此,伽利略发现落体定律,并不需要知道宇宙中全部物质的分布;电子的属性能够被发现,不需要我们知道核子物理的规律,如此等等。很容易设想一个世界,在其中,发生在宇宙的某一位置的一些现象,或者发生在某一尺度范围或能量范围的一些现象,与其余的一切密切纠缠在一起,在方式上禁止单独解开几组简单的规律。或者使用字谜游戏的类比来说,不是对付由各自分离而可确定的词构成的一个联系性的网状结构,我们的答案却是单独一个极其复杂的词。我们关于宇宙的知识,于是将是一桩"要么全有,要么全无"的事儿。

这个神秘难解的事情,变得更深奥,还因为这么一个事实:自然的可分离性,其实仅仅是大体上的。实际上,宇宙是一个互相联系的整体。地球上一个苹果的下落,是受了月球位置的影响,是依次对月球位置起反应的结果。电子

【157】

服从原子核的影响力。然而,在这两个例子中,作用力是微小的,出于实际的考虑,是可以被忽略的。但是,并非全部系统都是这样。如我解释过的那样,有些系统是混沌的,对最微小的外部干扰相当敏感。正是这个属性,才使混沌系统不可预测。然而,即便我们生活于一个充满了混沌系统的宇宙中,我们却能够筛选出范围广阔的许多物理过程——这些过程可以被预测,用数学手段可以得到处理。

其中的理由,部分地可以追踪到两种怪异的属性,所谓"线性"和"定域性"。一个线性系统遵守一些非常特别的加法和乘法的数学规则,此与直线图像有关系——因此有"线性"一词[详细的讨论,见《物质神话》(*The Matter Myth*)]。比方说,电磁学规律,描述电场和磁场、光的行为以及其他电磁波,在极高近似度上是线性的。线性系统不可能是混沌的,对微小的外部干扰不非常敏感。

【158】　没有什么系统**完完全全**是线性的,因此,关于世界的可分离性这个问题,就归结为为什么非线性效应实际上常常如此之小。这通常是因为相关的非线性力,或者是本来就很弱,或者是非常短程的,或者既很弱又短程。我们不知道为什么各种自然力的力度和力程像各自是的那个样子。有朝一日,根据某种潜在的基本理论,我们或能把那些力度和力程算出来。也有可能,它们干脆是"自然的常量",不可能源自规律本身。第三个可能性,是这些"常量"完全不是上帝给的固定数,而是由宇宙的实际状况决定的;换言之,它们或许和宇宙初始条件相关。

定域性的属性,必定与如下事实相关:在大多数情况中,一个实体系统完全决定于它紧邻中的那些力和影响。因此,在一个苹果落下的时候,它在空间中每一点上的加速度,仅仅依赖于那个地点的引力场。相似的说法也适用于大多数其他力和环境。然而,有一些情况,出现了非局部的效应。在量子力学中,两个亚原子粒子能够定域性地相互作用,然后彼此移开很远。但是,量子物理学的规则是这样:即便这两个粒子最终处在宇宙的两边,它们必须仍然被视为一个不可见的整体。就是说,对其中的一个粒子的测量,将部分地依赖于另一个粒子的状态。爱因斯坦把这种非定域性叫做"鬼怪般的超距作用",而且拒绝相信。但是,最近的一些实验无可怀疑地证实了这种非定域性效应是真实的。一般而言,在亚原子层面上(量子物理学在这个层面上是重要的),一团粒子必须得到整体性的处理。某一个粒子的行为,难解难分地与其他那些粒子的行为纠缠在一起,不管粒子间的离距有多么大。

【159】　对作为一个整体的宇宙而言,这个事实具有一个重要的寓意。如果你要

为整个宇宙选择一种武断的量子态,这个量子态可能代表一个巨大的纠缠,那个宇宙中的全部粒子都纠缠于其中。在第二章中,我讨论过哈特尔和霍金最近的一些概念,与对整个宇宙的量子描述有关——量子宇宙学。量子宇宙学家遭到的大挑战之一,是解释这个我们熟悉的经验性宇宙,如何从它的量子起源的那种模糊状态中涌现出来。我们记得,量子力学兼并了海森堡的不确定性原理;这个原理有一种效应,即把处于不可预测方式中的全部可观测的物理量的值都变模糊。因此,一个在绕着原子的轨道上的电子,不可以被认为在每一时刻都拥有在空间中的一个确定的位置。你不应该真的把电子想成沿着一条确定的路径绕着原子核转圈,而是应该把电子想成以一种非决定论的姿态绕着核涂抹。

尽管这是原子中电子的情况,说到宏观对象,我们观察不到这种涂抹现象。因此火星每一时刻在空间中都有一个确定的位置,沿着一条确定的轨道绕日运行。尽管这样,火星绕日服从于量子力学规律。你现在可以问,恩里科·费米就曾经这么问过:为什么火星不像电子绕着原子涂抹那样,来绕着太阳涂抹? 换言之,既然宇宙诞生于一个量子事件中,那么本质上非量子的世界是怎么出现的呢? 在宇宙起源之时,那时它很小,量子不确定性就吞没了它。如今,在宏观物体中,我们注意不到任何残余的不确定性。

大多数科学家默默地假定:一个接近于非量子的(用行话也可以说"经典的")世界,会自动从大爆炸中出现,甚至会从量子效应统治着的一个大爆炸中涌现出来。然而,哈特尔和盖尔曼最近挑战了这个假定。他们论证说:一个近似的经典世界的存在(在这个世界中,界限分明的对象存在于空间的各个位置上,而且其中也存在一个定义明确的时间概念),需要特别的宇宙初始条件。他们的思考结果表明:就大多数初始状态而言,一个一般意义上的经典世界将**不会**出现。如果是那样的话,世界的可分离性(即世界分为各自不同的一些对象,在一个轮廓分明的时空背景上,各自占着确定的位置)将是不可能的,不会有什么定域性。在这么一个涂抹的世界上,如果你不知道样样事情,你多半就不知道任何事情。确实,哈特尔和盖尔曼论证说,传统物理学规律这个概念本身,如牛顿力学,应该被视为并不真正地关于现实的那些基本方面,而应该被视为大爆炸的**残迹**,被视为宇宙在其中起源的那个特别的量子态的一个后果。

像上文简述的那样,如果自然中的各种力的力度和力程,同样依赖于宇宙的量子态,于是我们就得到了一个令人瞩目的结论。大多数实体系统的线性和定域性,将完全不是某一套规律的结果,而要归因于宇宙从中起源的那种奇特的量子态。这个世界的可理解性,即我们能够循序渐进地发现规律并扩大

【160】

115

我们对自然的理解这么一个事实——科学管用这个事实本身——将不是一种必然和绝对的正当权力，而是能够追踪到特别的(或许是高度特别的)宇宙初始条件那里。数学适用于自然世界的那种"不合情理的有效性"，于是就归因于不合情理的有效的初始条件。

第七章　为什么世界是这个样子?

爱因斯坦曾经说,最使他感兴趣的事情,是上帝在把宇宙造成这个样子的 【161】
时候,是否有所选择。爱因斯坦不在传统意义上信教,但他喜欢把上帝用作一
个比喻,来表达关于存在的一些深刻的问题。这个特别的问题苦恼了几代科
学家、哲学家和神学家。这个世界必须是它现在的这个样子吗? 或许它倒也
可能是另外一副样子? 如果它可能是另外一副样子,那么我们会找到什么样
的解释来说明为什么世界是现在这副样子?

在说到上帝创造他选择的某个世界的那种自由这个问题的时候,爱因斯
坦提到了十七世纪的哲学家贝尼迪克特·斯宾诺莎。斯宾诺莎是一个泛神论
者,他把物质宇宙中的对象看做神的属性,而不视之为神的创造品。通过把神
等同于自然,斯宾诺莎摒弃了关于一个超然的神(神创造宇宙是一个自由的行
为)这一基督教概念。另一方面,斯宾诺莎不是一个无神论者:他相信他有一
个逻辑证明,支持神必定存在。因为他把神等同于物质宇宙,他的证明就等于
支持宣称我们的这个特别的宇宙也必定存在这一说法的一个证明。在斯宾诺
莎看来,神在此事中没有选择的可能:"事物被神带入存在的方式和秩序,不可
能异于事实上已经达成的这种方式和秩序。"

这类思想方式(事物如其所是地存在,乃某种逻辑必然性或者不可避免性 【162】
的一个结果)在如今的科学家中相当普遍,尽管他们大多数人宁愿完全撇下上
帝不提。如果他们是对的,那就意味着:世界构成了一个封闭而完整的解释系
统;在这个系统中,事事都能得到解释,不可理解的神秘之事就剩不下了。那
也意味着:在原则上,为了琢磨出世界的形式和内容,我们其实不必观察这个
世界,因为万事万物都来自逻辑必然性,单凭推理,宇宙的本质就可以被推论
出来。"我认为那是对的",在跟这么一个观念调情的时候,爱因斯坦写道,"纯
粹的思想能够理解现实,就像古人所梦想的那样。……借助于纯粹的数学构
造,我们能够发现那些概念以及把概念联系起来的那些规则,这些概念和规则

117

就提供理解自然现象的那把钥匙。"¹ 当然,我们或许永远不可能真的足够聪明,单从数学推理中就能得到正确的概念和规则,但这么说是离题了。假定这么一个封闭的解释方案是可能的,它就会深刻地改变我们对宇宙以及我们在其中的位置的想法。但是,关于完全性和唯一性的这些断言,有什么根据吗?或者这些断言不过是一个含糊其辞的希望而已?

一个可以理解的宇宙

潜伏在这些问题下面的,是一个至关重要的假定:世界既是理性的,也是能被理解的。此论常常被表达为"充足理由原则",它宣称:世界中的每一事物,如其所是地存在,出于某种理由。为什么天是蓝的?为什么苹果落下?为什么太阳系有九颗行星?我们通常不满足于这么一个答案:"因为那就是它存在的方式。"我们相信,为什么它像那样存在,必有某种理由。如果存在一些关于世界的事实,没有理由我们也必须干脆接受(此所谓生糙的事实),那么理性就崩溃了,世界就是荒谬的。

[163] 大多数人毫不怀疑地接受充足理由原则。比方说,整个科学事业就建筑在自然想必有的理性之上。大多数神学家也忠诚于这个原则,因为他们相信一个理性的神。但是,我们能绝对拿得准这个原则是绝对可靠的吗?信任充分理由原则,这种信任有充足理由吗?诚然,充足理由原则通常是相当管用的:苹果落下是因为重力,天是蓝的是因为短波的光被空气分子分散了,如此等等。但是,但那不能保证充足理由原则总是管用。当然,如果这个原则是错的,那么进一步探究一些终极的问题就变得无的放矢了。无论这个原则是不是绝对可靠,都值得把它接受下来,把它当作一个工作假说,看看它会把我们引向何处。

面对关于存在的那些深刻问题,我们必须考虑关于两类判然有别的东西这么一种可能性。

在第一类中,是一些关于物质宇宙的事实,如太阳系中的行星数目。有九颗行星,这是一件和事实有关的事儿;但是,假定那数目**必须**是九,就似乎不讲理了,我们肯定易于想象有八颗或者十颗。为什么有九颗,对此的一种一般的解释,集中于从一团气体中形成太阳系的那种方式,以及那气体中元素的相对丰度,如此等等。因为对太阳系的这些特色的一种解释依赖于它之外的某种东西,那么这些特色据说就是"偶然的"。某事物是偶然的,意味着它倒也可能是另外的样子,因此,为什么它正是像它那样而存在,其理由依赖于某种别的东西,某种它之外的东西。

第二类指的是这么一些事实、对象或者事件,它们不是偶然的。这种东西被称做是"必然的"。某事物是必然的,意味着它相当独立于任何别的东西。一个必然的事情,自身包含着其自身的理由;如果别的每一事物是不同的,它也完全不会变化。

很难相信自然中存在任何必然的事物。肯定地说,我们在世界上遇到的全部物质对象,以及落在这些对象上的那些事件,都以某种方式依赖于世界的其余部分,因此必须被视为是偶然的。另外,如果某事物必然地是其所是,那么它就一定永远是其所是:它不可能变化。一个必然的事物不可能关乎时间,然而,世界的状态将不断地因时而变,因此带有此种变化特点的全部物质的东西,就都必定是偶然的。

如果我们把时间囊括在"宇宙"的定义之内,那么关于作为一个整体的宇宙,我们又怎么说呢? 宇宙可能是必然的吗? 斯宾诺莎及其追随者就是这么断言的。乍看起来,很难看出他们可能是对的。我们能够很容易地想象宇宙不同于它现在的样子。当然,仅仅是能够想象某种事物,保证不了这个事物就是可能的,甚至保证不了它在逻辑上是可能的。但是,我相信,存在非常好的理由说为什么宇宙可以是另外的样子,我将很快就讨论这个。

关于物理学规律,怎么说呢? 它们是必然的还是偶然的? 在这里,情况不 【164】那么清楚。通常而言,这些规律被认为不受时间影响,是永恒的;因此,说它们是必然的,此论或许能够成立。可话说回来,经验表明:随着物理学的进步,以前被认作独立的规律的那些东西,却被发现是联系在一起的。一个好例子是最近的那个发现:微核力和电磁力其实是单一的电弱力的两个方面,可以由一个共同的方程式系统来描述。因此,个别的力到头来却是以别的力为条件的。但是,一种超力,甚至一个完的、统一的超级规律,是必然的,此事可能吗? 许多物理学家以为然也。一些当代科学家,如牛津的化学家彼得·阿特金斯(Peter Atkins),指出:基础物理学朝着一个统一的超级规律的这种会聚,证明物质世界不是偶然的,而是就像它那样是必然的。他们主张,在形而上学中寻找进一步的解释,没有必要。这些科学家眺望未来的一个时代,其时全部物理学规律都会联合成单一的数学格局,并断言那将是可能得到的在逻辑上自圆其说的唯一格局。

但是,另外一些人,也注意到相同的这种渐进的统一状态,却得出了一个相反的结论。比方说,教皇约翰·保罗二世,对把各种基本粒子和四种基本的自然力联系起来的辉煌进步印象深刻,并且就其广泛的寓意,最近觉得应该在一次科学会议上讲一讲:

关于基本粒子,关于基本力(通过这些力,粒子在低能和居间能上相互作用),物理学家们拥有的知识详细,却不完备,也是暂时的。他们现在有一个可以接受的理论,把电磁力和弱核力统一起来,连同远不充分、但仍然有希望的大同一场理论(试图把强核相互作用也归并起来)。在同样的发展思路上,为这个最后的阶段,即超统一,就是说,包括引力在内的全部四种基本力的统一,已经有另外几种详细的建议。在一个像当代物理学这样的如此细致的专业研究中,存在这种走向集中的驱动力;关注此事,对我们不是很重要吗?[2]

【165】　　这种集中的要旨,是它渐进地把那些可被接受的物理学规律都囊括一处。到目前那些规律还在各自统治着一些独立部分;每一个造就出来的新连接,都要求这些规律之间有某种相互依赖性和内在一致性。比方说,全部理论都必须与量子力学和相对论相协调,这一要求已经在那些规律所采取的数学形式上强加了有力的限制。这促使一些人猜想,有朝一日,或者近在眼前,这种集中是可以竣工的,关于全部自然规律的一种完全而统一的解释,将终于被收入锦囊。这个想法是所谓"万有理论",第一章中曾稍稍提到。

独一无二的万有理论

万有理论,可行吗?许多科学家认为可行。确实,他们有些人甚至相信:我们可能几乎已经有了这么一个理论。他们把目前流行的超弦理论引为一种严肃的尝试,旨在把基本力和基本粒子,连同空间和时间的结构,联合成一个独一无二、无所不包的数学方案。其实,这份自信古已有之。建造关于世界的完全而统一的解释,此类企图历史悠久。约翰·巴罗在他的书《万有理论:探索终极解释》(*Theories of Everything*：*The Quest for Ultimate Explanation*)中,把这么一种理论的诱惑,归于热切地相信一个理性的宇宙:在物质存在背后,有一个能够得到理解的逻辑,这个逻辑能被压缩进一个令人信服的简洁形式中。

于是,出现了一个问题:在成就这一整体性的统一建构中,这个理论是否会被一些数学上的一致性限定得足够缜密,这才可能把它搞成独一无二的?果真如此,那就只可能存在一个统一的物理学体系,这个体系的各种规律都被逻辑必然性固定了。世界据说就会得到解释:牛顿的定律、麦克斯韦的电磁场方程式、爱因斯坦的引力场方程式,以及其他的,都将从逻辑一致性的必要条件中源源而出,那想必就像毕达哥拉斯定理必定出自欧几里得几何学的公理一样。把这个论点的思路推向极致，科学家们就不必费事观察和实验。科学将不再是一桩经验性质的事儿，而是演绎逻辑的一个分支。自然规律正在获得数学定理的地位；单用推理，世界的属性就能被推出来。

单凭操演纯粹理性，使用从自明的前提开始的演绎逻辑论证，世界上万事【166】万物的本质，即可得而知之，这一信念历史悠久。这种路子的一些成分，见诸柏拉图和亚里士多德的论著。在十七世纪，这一信念伴随着一些理性主义哲学家再度浮出水面，如笛卡尔构造了一个物理学体系，他有意将其单单植根于推理之中，而非植根于经验的观察。此后好久，1930 年代，物理学家米尔恩（E. A. Milne）同样试图建立关于引力作用和宇宙学的演绎性描述。近些年来，一个完全而统一的物理学描述，到头来或许可能以演绎方式得到证实，这个想法再度时髦起来，正是这种时髦促使斯蒂芬·霍金为库卡斯教席的开讲选择了那个具有挑衅意味的题目："理论物理学的终结指日可见吗？"

但是，说此种事态是可能的，有何证据？最近的超弦研究以及其他研究是否果真指向一种萌生期的理论统一，姑且按下这种不确定的事情不说，我相信，说某种超统一的理论是独一无二，是确然错误的。我得到这个结论，理由有好几个。首先，理论物理学家们常常讨论一些在数学上站得住脚的"玩具宇宙"，这样的宇宙肯定不对应于我们的宇宙。我在第一章中解释过这个理由。我们已经遇到过这类玩具宇宙中的一个——细胞自动机，还有许多其他的。在我看来，事情似乎是这样：要得到关于独一无二性的任何希望，你需要的就不仅仅是自洽性，你也需要一组依赖于条件的详细说明，诸如与相对论的一致，或者某些对称性的存在，或者空间的三维和时间的一维的存在。

第二个难题，事关逻辑和数学的唯一性这个概念本身。数学必须基于一【167】套公理。尽管数学定理可以从公理体系中推演出来，公理本身是不能的。公理必须从系统之外得到证明。你能够想象导致不同的逻辑格局的许多不同类的公理，还有哥德尔定理这个严重的难题。你该记得，按照这个定理，在一个公理体系之内，要证明那些公理是不矛盾的，通常也不可能。在最近的一篇文章中，罗素·斯坦纳讨论了物理学的统一的含义：一个真正的万有理论，必须不仅解释我们的宇宙是怎么进入存在的，而且必须解释为什么这个宇宙是唯一可能的宇宙——为什么只能存在单单一套物理规律。

> 这个目标，我相信是镜花水月。……这种固有的、不可避免的完全性的缺乏，一定把自己反映在模铸我们宇宙的无论什么数学体系内。身为属于物质世界的生灵，我们就包括在那个模型之内，是它的一部分。由此

可以说：我们永远也不可能为这个模型所选择的那些公理——因此也不可能为那些公理所对应的物理规律——提供证明。我们也不能解释全部的关于这个宇宙所能做出的真实陈述。[3]

约翰·巴罗也考察了哥德尔定理对万有理论所暗示的限制，得出结论说：这么一个理论将"远远不足以揭开像我们这样的一个宇宙的那些微妙之处。……没有什么公式能提交全部真相、全部和谐、全部简洁性。没有什么万有理论能提供完整的洞见。因为，为了看透一切，将使我们一无所见。"[4]

因此，搜寻一个真正唯一的万有理论，这个理论将消除一切偶然性，并且证明物质世界必然如其存在的那样存在；根据逻辑一致性，此举似乎注定失败。没有什么理性的体系能被证明既连贯又完全。一些开放性、一些神秘因素、一些未得解释的事情，总会是有的。托马斯·托伦斯（Thomas Torrance）指责那些俯就这一诱惑的人，是相信这个宇宙是"某种永动机，一个自我存在、自力更生、自我解释的巨物，本身全然是一致而完全的，因此被囚禁在一种无可逃遁的无聊循环之中。"他警告说："宇宙中不存在什么内在理由，来解释宇宙毕竟为什么应该存在，或者为什么它应该就像它实际存在的那样存在；因此，我们就自我欺骗说，如果我们认为在我们的自然科学中我们能建立那种说法，那么宇宙就只能是其所是。"[5]

【168】　我们宇宙的那些规律，尽管在逻辑上不是唯一的，却是唯一可能也导致复杂性的那些，此说可能吗？或许我们的宇宙是唯一可能产生生物的宇宙，有意识的生物于是能在其中崛起。于是我们的宇宙就是唯一可能得到认识的宇宙。或者回到爱因斯坦的问题，他问神在其创造活动中是否有所选择，答案将是"没有"；神希望宇宙得不到注意，则另当别论。斯蒂芬·霍金在他的书《时间简史》中提到了这个可能性："完全的统一理论，或许只有一个，或许有不多几个，如杂化弦论。这种理论是自相一致的，允许和人类一样复杂的结构出现；而人能研究自然规律，并且讯问神的本质。"[6]

这个较弱的提议，或许没有逻辑上的缺点，我不知道。但是，我确实知道，绝对不存在什么证据支持这个建议。如下立论或许成立：我们或许住在一个**最简单的可能的**可被认识的宇宙中——就是说，物理学规律是在逻辑上自相一致的那套**最简单**的规律，这套规律允许一些自产生系统。但是，即便这个打了折扣的目标似乎也是不可达到的；但是，如我们在第四章看到的那样，也仍然存在细胞自动机世界，在其中自产生能够发生，而这样的世界的限定规则非常简单，我们难以想象一些终极的物理学统一规律还能比此更简单。

现在让我转到一个更严重的难题,这个难题与常常外表光鲜的"唯一宇宙"论点相关。即便物理学规律是唯一的,不能由此就说物质宇宙本身是唯一的。如在第二章解释的那样,物理学规律必定是被宇宙初始条件扩充起来的。有一套初始条件,是哈特尔和霍金提出来的,在第二章的末尾得到了讨论。现在,尽管这套初始条件或许是一个自然的选择,但它仅仅是无限范围的可能选择方式中的一种。在关于"初始条件的规律"的目前这些看法中,没有什么东西能够暗示"初始条件的规律"与物理学规律之间遥远的一致性会意味着唯一性。远远不会有这种暗示,哈特尔本人已经证明:为什么不可能存在唯一的规律,此事是有深刻的原则性理由的:"我们构造我们的理论,这些理论是宇宙的一部分,并不外在于宇宙;这一事实必定不可避免地限制我们构造的那些理论。关于初始条件的一种理论,比方说,必须足够简单,简单到能够储存在这个宇宙之内。"在构造我们的科学的过程中,我们到处移动物质,甚至思想过程也涉及到对我们大脑中的那些电子的扰动。这些扰动,尽管微小,却影响宇宙中其他电子和原子的命运。哈特尔的结论是:"以此观之,必定存在许多关于初始条件的理论,而我们构造这些理论的行为本身,使这些理论难分伯仲。"[7]

关于世界的基本量子本质,这碗汤里还有另一只苍蝇呢,那就是它固有的非决定论性质。万有理论的全部候选者,必须把这一原则包含在自身中,这意味着任何这种理论,往好里说,也会胶着于某种最可能的世界。这个实际的世界,在亚原子尺度上的大量不可预言的方式上,会是不同的。即便在宏观的尺度上,这也可能是一个重大因素。比方说,单独的一次亚原子遭遇,也能够产生生物学突变,这个突变或许就能改变进化过程。【169】

偶然的秩序

如此一来,事情似乎是这样:物理宇宙不必是它现在的这个样子,它倒能够是另一番样子。说到底,正是假定宇宙**既是**依靠条件而发生的(偶然的)、**又是**可理解的,这才为经验科学提供了动机嘛。因为,如果不存在"依靠条件而发生(偶然的)"一说,那么我们在原则上就能单用逻辑推理来解释宇宙,根本用不着观察它。如果没有可理解性,那也不可能有什么科学。"正是有条件的发生(偶然性)与可理解性之间的联合,"哲学家伊安·巴伯(Ian Barbour)写道,"才促使我们去寻找理性秩序的那些出人意料的新形式。"[8]巴伯指出,这个世界的依靠条件的发生(偶然性),有四重意思。首先,物理学规律本身显得是有条件的(偶然的)。其次,宇宙的初始条件可能是另外的。第三,我们从量子力学知道"上帝掷骰子"——就是说,自然中存在一种根本性的统计学因素。最后,存在这么一个事实:即宇宙存在。说到底,我们关于宇宙的理论无论多么有涵盖性,这个世界其实是没有什么义务为理论现身说法的。这最后一点,被斯蒂芬·霍金表达得非常生动:"这个宇宙干嘛没事儿找事儿地存在?"他问道:"是什么东西把火吹进了方程式中,并且制造了一个宇宙,以便让那些方程式去描述它?"

【170】　　我相信,存在第五类"依赖条件的发生(偶然性)",此见于"高层面"的规律(与复杂系统的那些组织属性有关)。在我的书《宇宙蓝图》中,我已经为这个意思提供了一个完整的解释,因此,在此我将限于只讲几个例子。我已经提到孟德尔的遗传学定律;尽管它们与潜在的物理学规律完全协调,但它们不可能单从物理学规律中得到。与此类似,在混沌系统或者自产生系统中发现的各种规律和有规则的现象,不仅依赖于物理学规律,也依赖于相关系统的具体性质。在许多情况中,这些系统采取的行为模式的精确形式,依赖于某种偶然的微观变动,因此必须被视为预先就是非决定的。这些高层次的规律和有规则现象因此就拥有重要的有条件的发生(偶然)的特点,超出了一般的物理学规律。

　　与有条件的发生(偶然性)相关的这个大谜,与其说世界能够是另一个样子,不如说世界偶然地**有序**。在生物学领域中,此说最是有力而明显的;在这个领域中,地球上的生物的那些特别形式显然是偶然的(它们能够轻易地是另外的样子),然而,在生物圈里,明显的秩序无处不有。如果世界上的对象和事件仅仅是凑合起来的,而不以特别重要的方式来布局,那么它们的那种特别的布局就更不可思议了。但是,世界的那种偶然的风貌,也是有序的,有模式的,这个事实其实想必意味深长。

　　世界的有序的偶然性的另外一个非常切题的特色,关系到这种秩序的本质;如此这般的秩序,为宇宙赋予了一种合乎道理的统一性。另外,这种整体性秩序状态,是能被我们所理解的。这些特色把这个神秘之事搞得更加、更加深刻。但是,无论怎么解释,整个科学事业就建立在这个神秘之上。"正是宇宙的偶然性、理性、自由与稳定性的联合,"托伦斯写道,"才为宇宙赋予了它的那些引人注目的特点,才把对宇宙的科学探索搞得不仅在我们看来是可能的,而且使我们不可拒绝它。……通过依赖于宇宙中的偶然性和秩序之间的这种难解难分的纽带,自然科学才能以实验与理论之间的这种独具特色的相互联系来进行,此乃我们关于物质世界的知识中最伟大的进步。"[10]

　　那么,我的结论就是:物质宇宙不是被迫像它存在的这样存在,宇宙倒也能够是另外的样子。如果是那样的话,我们就不得不返回到为什么宇宙像它存在的那样存在这个老问题上。对于宇宙的存在及其引人注目的形式，我们可能找出什么样的解释呢？

　　让我首先反驳事关解释的一个相当琐屑的尝试，它有时就被人提出。有【171】人论辩说，宇宙中的万事万物，能够从别的某事物那里得到解释，而别的某事物又能从别的某事物得到解释，如此等等，构成一个无限的链条。如我在第二章提到的那样，稳态说的一些支持者用过这种推理方式，其基础是在这个理论中，宇宙在时间中没有什么起源。然而，一个无限的解释链的每一环都被下一环所解释，据此就假定这个解释链令人满意，此说大错特错。到头来你仍然守着那个神秘难解的问题：为什么**那么一条特殊的**解释链是存在着的那一条？或者说，无论哪条解释链，毕竟为什么它要存在？莱布尼兹把这一点表达得清楚明白，手段是他邀请我们考虑为数无限的一些书，每一本都从前一本抄来。说某本书的内容因此就得到了解释，是荒谬的。我们仍然有理由问写书的那位是谁。

　　在我看来，事情似乎是这样的：你坚持充足理由原则，要求一个对于自然的理性解释，然后我们别无选择，只能在某种超越于或者外在于物质世界的某事物中寻找那个解释——在某种形而上的东西里寻找解释——这是因为（如我们见过的那样）一个偶然的物质宇宙不可能把一个对于自身的解释包括在自身之内。什么样的形而上的执行者可能有能耐创造一个宇宙？一个造物主，凭借超自然的手段，在时间中的某一瞬，产生了一个宇宙，就像一位魔术师把一只兔子从一顶帽子里拖出来似的——避免这么一幅天真的画面，是重要的。如我已经详细解释的那样，创造之事不可能仅仅涉及把大爆炸导致出来。我们正在寻找的东西，却是一种更微妙、非时间性的创造概念，用霍金的措辞说，这个创造概念把火吹进那些方程式里，并因此把仅仅是可能的事情促成为果真存在的事情。这个执行者是有创造力的，这意思是说它以某种方式为物理学规律负责，而物理学规律（别的不提）统治着时空的进化方式。

　　神学家们当然争辩说：为宇宙提供一个解释方式的那个有创造力的执行【172】者，是神。但是，什么样的执行者会是这么一个存在着的存在？如果神是一个心灵（也可以把这个词大写），我们或许蛮有道理把他说成一个人。但是，并非全部有神论者同意必得如此设想。有些人更喜欢把神想成"自我存在"或者"创造力"，而不把神看做"心灵"。确实，拥有创造潜能的执行者，或许不限于心灵和力。哲学家约翰·莱斯利（John Leslie）论证说："道德要求"或许能干得了创造性的活儿——这是他从柏拉图那里挖来的一个想法；换言之，宇宙存在，是因为宇宙存在，它才是善的。"对神的信念"，莱斯利写道，"变成了这么

125

一个信念:宇宙存在,是因为它应该存在。"[11]这个想法似乎怪异。"道德的要求"怎么能创造出一个宇宙? 姑且让我重复一下,我们在这里谈的,不是因果关系的、机械性质的意义上的创造,不是像泥瓦匠建造一座房子这意义上的创造。我们正在谈"把火吹进"方程式里,这些方程式为物理学规律编码,由此把仅仅是可能的东西促成为实际存在的东西。什么样的实体能在这种意义上"吹火"? 显然,我们司空见惯的物质的东西都不能。把创造潜力归于道德属性或者审美属性,不存在什么逻辑上的矛盾;但是,这两种做法都没有任何逻辑必然性。然而,莱斯利提议:事情或许牵扯到一种较弱的、非逻辑意义的必然性,即"善"或许不知怎么被迫要创造一个宇宙,因为做这件事是善的。

如果你准备与下面这一想法友好相处,即宇宙不是以不合理的方式存在的,而且仅仅是为了方便,我们为那份道理贴上"神"这么一个标签(你在脑子里想的是一个人、一种创造力、一个道德要求,或者某个还没有得到明确阐述的概念,无关紧要),那么第一个要处理的问题,就是:在什么意义上,可以说神为物理学规律(以及世界的其他依赖于条件发生的那些偶然特色)负责? 这个说法要是有什么意义的话,那么神就必须以某种方式从许多可选方案中**选择**了我们的世界。必有某种选择因素牵扯于其中,某些可能的宇宙,必须遭到摒弃。那么,这会是什么样的神呢? 推测起来,他会是理性的。搬出一个无理性的神,是无的放矢;我们也是可以承认这个宇宙就像它那样是无理性的嘛。他也应该是全能的。如果神不是全能的,那么他的力量就在某种方式上是有限的。但是,什么东西会限制他的力量呢? 我们就会反过头来想知道对神的限制是怎么起源的,是什么东西决定对神的限制方式:精确地说,即神得到允许可以做的是什么事情,神不曾得到允许做的事情是什么。(注意:甚至一个全能的神也受制于逻辑,比方说,神不可能制造一个方的圆。)凭借相似的推理方式,神也必须是完善的,因为什么样的执行者会产生有缺点之物呢? 他也必须是全知的——就是说,他必须知道在逻辑上可能的全部其他选择方式——如此他才会处在一个位置上,能够做出一个合理的选择。

全部可能的世界中最好的世界?

【173】 莱布尼兹详细地搞出了如上论点,试图以宇宙的合理性为根据,证明这么一个神存在。他从这个宇宙学的论证中得出了结论:一个理性的、全能的、完善的、全知的存在,必定无可避免地从全部可能的世界中选择最好的世界。理由呢? 如果一个完善的神故意选择一个不怎么完善的世界,那会是没道理的。我们会为那个怪异的选择要求一个解释。但是,能有什么可能的解释呢?

126

我们的世界是全部可能的世界中最好的，此论不曾赢得许多人的赞同。莱布尼兹(假托为邦葛罗斯博士)就此遭到了伏尔泰辛辣的奚落："哎呀，邦葛罗斯博士！如果这是全部可能的世界中最好的，那其余的世界必定是个什么样子啊？"这一反驳，通常围绕着邪恶难题。我们能够想象一个世界，在其中，比方说，没有苦难，那样一个世界不会是更好的吗？

撇开道德问题不谈，说我们的世界是全部可能的世界中最好的，也有某种物质的意义。你肯定惊讶于物质世界的那种巨大的丰富性和复杂性。自然有时候看起来好像"不辞劳苦"地要产生一种有趣而丰饶的宇宙。弗里曼·戴森(Freeman Dyson)在他的"最大化多样性原理"中，试图捕捉这一属性：自然规律与初始条件如此这般，方能成就这个尽可能有趣的宇宙。在这里，"最好的"被解释为"最丰富的"，意思是实体系统最大的多样性和复杂性。难的是以数学方式把这一点表达得精确。

如何可能成就此事？最近，数学物理学家李·斯莫林(Lee Smolin)和朱利安·巴伯(Julian Barbour)提出了一个想象性的建议。他们猜想存在一个关于自 **【174】** 然的基本原理，这个原理使宇宙最大限度地多样化。这意味着事物在某种有待于精确界定的意义上，把自己编排成这样，如此就产生了最大的多样性。莱布尼兹主张：世界展现出最大化的多样性，此事服从于最大限度的秩序。这说法耸人听闻，除非被赋予一种清晰的数学意义，就算不得什么。斯莫林和巴伯在这个问题上开了一个头，尽管方式谦虚。为可以想到的最简单的系统，他们如此界定"多样性"：一团点，被由网络线路连接，好像飞机航线地图。数学家们把这种图称做"示意图"。那些点和线不必对应于真实空间里的真实物件，而仅仅代表某种抽象的相互联系状态，能够就其自身而得到研究。显然，有简单的示意图，也有复杂的示意图，这取决于那些连线怎么画。有可能发现一些示意图，在某种清楚的意义上，从全部不同地点(点)上看，在布局上是最多样的。窍门是把这一切和真实世界联系起来。那些点和线是什么东西？他们建议把那些点和线看做某种抽象的代表物，代表三维空间中的粒子，像粒子间的距离这样的概念，或许就从示意图中的关系中自然地出现。

最优化的其他一些形式，也是可以想象到的：一些不同的方式，在其中，我们的世界或许是全部可能的世界中最好的。我提过，物理学规律像一种宇宙密码，像一条诡秘地埋藏在我们的那些观察数据中的"信息"。约翰·巴罗猜测：我们宇宙的那些特别的规律，或许代表某种最佳编码方式。现在，关于密码和信息传输，科学家们知道的大多数东西，起于克劳德·香农(Claude Shannon)开创性的战时研究。他的关于信息理论的书成了经典。香农对付的许多难题之一，是一条嘈杂的交流渠道对信息的影响。我们都知道，一条电话线上的噪音如何使谈话困难，一般来说，噪音降低信息的品质。但是，你能够避开这个问题，手段是以合适的冗余度来为一条信息编码。巴罗把这个思想扩展到了自然规律。科学毕竟是与自然的一种对话。在我们做实验的时候，我们在某种意义上是在审问自然。另外，我们得到的信息从来不是一尘不染的，它被各种各样的名为实验误差的"噪音"降低了品质，实验误差起于许多因素。但是，正如我强调的那样，自然的信息并非用明码文本写成，它是用密码写的。巴罗的建议是：这种"宇宙密码"的结构或许特别，适于最佳信息传输；这类似于香农的理论："为了实现任意程度的信号发送的逼真度，信息必须以特别方式编码。……用某种怪异的比喻来说，自然似乎以许多合适形式中的一种被编成了'密码'。"[12]这或许可以解释我们能如此成功地解码信息，并且揭示包罗万象的那些规律。

【175】　　最优化的另一个与自然规律的数学形式相关的类型，关系到大家常常提到的自然规律的简洁性。爱因斯坦对此做了总结，他写道："到目前为止，我们的经验使我们有理由相信，自然是可能想到的最简单的数学观念的实现。"[13]此事肯定令人迷惑不解。"这个世界是用数学来描述的，此事足够神秘，"巴罗写道，"但是，借助于简洁的数学，即那种凭几年的起劲研究能够掌握的数学，如今产生了对此事司空见惯的态度，此乃神秘中的神秘。"[14]那么，我们住在全部可能的世界中的最好世界里吗（这意思是说这个世界具有最简单的数学描述）？在本章的前半部分，我提供了一些理由，告诉大家我什么不这么认为。允许生物复杂性存在的最简单的可能世界，这怎么讲呢？还是老话，如我已经解释的那样，我认为答案是"这讲不通"；但是这说法起码是一个猜想，有待于科学研究的调查。我们可以写下物理学的那些方程式，然后对它们稍作改动，看看能导致什么不同情况。如此一来，理论家们就能建造人工模型的宇宙，并以数学手段来检验它们能否支持生命。大量努力已经被投进了对这个问题的研究中。大多数研究者的结论是：复杂系统的存在，尤其是生物系统，特别敏感于物理学规律的形式，而且在某些事例中，规律稍有不同，足以毁掉生命（起码是我们所知道的那种形式的生命）出现的机会。这个话题名曰"人择原理"，因为它把我们作为这个宇宙的观察者的存在，与这个宇宙的规律和条件联系了起来。我将在第八章回头讨论之。

　　当然，要求规律允许有意识的生物存在，在任何意义上说，或许都过分地自命不凡。可能存在许多方式，在其中规律是特别的，如拥有全部种类的数学属性（或许仍然不知道）。借助于这些特别的规律，存在许多费解的参量，可能

128

被最大化或者最小化。我们仅仅是不知道。

美作为指向真相的向导

到目前为止，我总是想着数学。但是，规律使自己超尘拔俗，或许借助于 【176】
其他更微妙的方式，如借助于它们的审美价值。科学家们广泛相信：美是指向
真相的一个值得信赖的向导，理论物理学中的许多进展是被这么一些理论家
搞出来的——他们要求一个新理论的数学要优雅。有时候，每当实验室测试
困难了，审美的标准就被认为比实验甚至更重要。爱因斯坦，在讨论关于他的
广义相对论的一次实验室测试的时候，有人问过他：如果实验结果与这个理论
不一致，他如之奈何。对这种前景，他坦然自若，"这个实验太糟糕了，"他反唇
相讥。"这个理论是对的！"保罗·狄拉克，这位理论物理学家，他审美的深思熟
虑引导他为电子建立了一种在数学上更优雅的方程式，这个方程式导致对反
物质存在的成功预言。他做的如下判断，与审美的情调同声相应："把美置于
你的方程式中，比让它们符合实验，更重要。"

数学的优雅，这个概念不容易向那些不熟悉数学的人传达；但是，它得到
了职业科学家们满腔热情的重视。然而，像所有审美判断一样，数学的优雅也
是高度主观的。没有人曾经发明一台"测美计"，能够测量东西的审美值，而不
需要提及人类的标准。你果真能说某些数学形式比另一些内在地更美吗？或
许不能。如果是这样，说美在科学中是这么一个好向导，就很奇怪了。

为什么宇宙的那些规律对人类而言似乎应该是美的？在形成我们关于美
的那些东西的印象的过程中，毫无疑问，全部种类的生物学和心理学因素都在
起作用。比方说，女人的体形对男人是有吸引力的，这不令人惊讶；许多漂亮
的雕像、绘画和建筑结构的曲线，无疑具有性的暗示；大脑的结构与运作，或许
也发布指令，什么东西悦目悦耳；音乐以某种做派反映大脑的节奏。无论走哪
条道，这里都有某种怪异的东西。如果美全然是在生物学上编程的，仅为生存
价值而得到了选择，那么看到美在基础物理学的深奥难解的世界中重新冒出
来，此事更加令人惊讶。话说回来，如果美不仅仅是生物学发生的作用，如果
我们的审美欣赏起于与某种更坚实、更弥漫的东西的接触，那么宇宙的基本规
律似乎反映这个"某种东西"，想必就是一个意义重大的事实。

在第六章中，我讨论了许多出类拔萃的科学家如何表达这么一个感觉：他 【177】
们的灵感来自与柏拉图式的王国的心智接触，这个王国是由数学形式和审美
形式构成的。罗杰·彭罗斯对自己的信念特别坦率，他相信创造性心灵"闯入"
柏拉图王国，得以一窥那些在某种方式上是美的数学形式。确实，在他的许多

数学研究中,他把美引为一种指导原则。这对读者而言,或许显得令人惊讶;读者们对数学的印象,是数学是一个不带个人感情的、冷漠的、枯燥的、严格的学科。但是,彭罗斯解释说:"严格的论证,通常是**最后的步骤**! 在那之前,你必须做出许多猜测;因为有这些猜测,审美的说服力的重要性就非常巨大。"15

神是必要的吗?

人有两只眼
一只眼只看时间中的流变之物
另一只眼
只看永恒与神圣的存在

《安吉勒斯·西勒修斯之书》

我们是否、并且在何种意义上住在全部可能世界中最好的世界中,从这个问题开始往前走,我们不得不面对一个更加深刻的难题。说得简单些,如果宇宙确实有一种解释,而宇宙不能解释它自身,那么宇宙必须由外在于它的某种东西(比方说,神)来解释。但是,什么东西解释神?"谁制造神"这个老掉牙的大谜,有把我们抛进一个无穷倒退之中的危险。唯一的出路,似乎要假定神不知道怎么能够"解释他自己",就是说,神是一个必然的存在,这是从我在本章开篇时解释过的那种技术意义上说的。更精确地说,如果神为宇宙提供充足理由,由此可以说神自己必定是一个必然的存在;因为,如果神是依赖条件而偶然存在的,那么那个解释链就仍然不曾终结,我们就想知道是什么因素超越了神,而神的存在和本质要依赖于这种因素。但是,一个必然的存在,一个把其自身的存在理由完全包含于自身之内的存在——我们能够从这个说法中理解出什么意思来吗? 许多哲学家已经论证说:这个观念,意义含混,或者没有意义。肯定地说,人类不能理解这么一个存在者的本质。但是,这个观念本身不意味着关于一个必然存在者这个概念是自相矛盾的。

[178]　　为了对付关于一个必然的存在这一概念,你可以开始问:是否存在任何必然存在的案例? 作为开胃之物,我们考虑一个陈述:"至少存在一个真命题。"把这个命题叫做 A。A 必然的真吗? 设想我声言 A 是假的;把"A 是假的"这个命题叫做 B。但是,如果 A 是假的,那么 B 也是假的,因为 B 是一个命题,并且如果 A 是假的,那就不存在任何真命题。因此,A 必定是真的。因此,不存在任何真命题一说在逻辑上是不可能的。

如果存在必然的命题,那么关于一个必然的东西一说就不明显是荒谬的。

基督教神学的传统意义的神,在很大程度上是圣托马斯·阿奎那在十三世纪发展出来的,是一个必然的、不受时间影响的、不可改变的、完善的、不变的存在;宇宙完全依赖这个神而得存在,而神却完全不受宇宙的存在的影响。尽管理性的要求似乎迫使我们把神的这种形象视为对世界的最终解释;但是,要把这个神与一个依靠条件发生的、变化着的宇宙(特别是一个包含着具有自由意志的存在物的宇宙)联系起来,却有严重的困难。如无神论者哲学家艾耶尔(A. J. Ayer)曾经说的那样,从必然的命题中来的只能是必然的命题。

自从柏拉图以来,这个毁灭性的矛盾一直潜藏在西方神学的核心。在柏拉图看来,如我们已经知道的那样,"理性的"这个概念本身,是与一个由永恒、不变、完善的理式构成的抽象世界捆绑在一起的;柏拉图认为理式世界代表着唯一的真实现实。坐落在这个不可改变的领域中的,是知识的终极对象,即善。与此不同,由物质的东西构成的被直接感知的世界,则永远处于流变之中。由理式构成的永恒世界与由物质构成的变化着的世界之间的关系,于是就大大成问题。如我在第一章解释的那样,柏拉图建议了"神工"(Demiurge)的存在,这个造物主坐落在时间中,勉力以理式为蓝图来为物质赋予形式。但是,这个意在把变化者和不变者、不完善者与完善者协调起来的天真企图,只能强化纠缠着关于依靠条件的发生(偶然性)的全部解释的那个概念上的悖论。

悖论不仅仅是神学争论的一种咬文嚼字,理解此事是重要的;悖论是某些理性的解释方法的一个无可避免的结果。笛卡尔及其追随者试图把我们对于世界的经验,植根于理智的确定性的基岩之中。如果我们遵循这个传统,那么在我们寻找最可靠的知识形式的时候,我们就不可避免地被引导到一些非时间性的概念上,如数学和逻辑;因为真实的真相,依其定义而言,是不可能随时间而变化的。对这个抽象领域的依赖性是令人确信无疑的,因为这个领域的那些组成部分是凭借逻辑必然性的确定性互相勾连起来的。然而,我们试图解释的经验世界本身,却是依赖于时间的,是偶然性的。

由这种不般配而产生的紧张感,弥漫于科学,确实和它弥漫于宗教一样。【179】我们看到这紧张感处在没完没了的困惑中,这种困惑包围着意在把物理学的永恒规律和宇宙中的"时间之箭"的存在协调起来的那些尝试。我们看到这种紧张感处在关于如何把前进性的生物进化与无方向的突变协调起来的那些激烈的争论中。我们还看到这种紧张感处于最近关于自组织系统所伴随的那些范式碰撞中,处在对那些表现出根深蒂固的文化偏见的范式的接受中。

基督教思维方式对这种紧张状态的独特贡献,是从空无中创世这一教义,我在第二章中做了介绍。这是一次勇敢的尝试,意在突破这个悖论,手段是提出一个非时间性的、必然的存在;这个必然的存在使一个物质的宇宙进入存在(却不在时间中进入存在),所凭借的是作为自由选择行动的神圣力量。通过宣称世界的创造是某种异于造物主的事件,是神不必创造、却选择创造的事件,基督教徒避免了如下指责:即神力可能另有规划,而物质宇宙直接从神的本质中溢出,因此本来就打上了神的必然属性的烙印。这里引进的关键因素,是神圣意志这个因素。从定义上说,自由意志必定导致偶然性,因为我们说一个选择是自由的,仅当这个选择可能是另外一个。因此,如果神被赋予了一种自由,能在可选的许多可能的世界中进行选择,那么现实世界的偶然性就得到了解释。而可理解性这一要求也被保住了,手段是把一种理性的本质归于神,因此也就保证了一个理性的选择。

【180】　　这似乎是一个真正的进步。从空无中创世一说显得好像解决了那个悖论,即一个变化着的偶然世界如何可能借助于一个非时间性的必然存在来得到解释。不幸的是,尽管许多世代的哲学家和神学家聚精会神地要把这个观念发展成一个合乎逻辑的格局,但重大的障碍却一如既往。最大的障碍是要理解:为什么神选择创造这个特别的世界,而不曾创造某一个别的宇宙? 在人类自由地选择的时候,他们的选择方案染着他们本性的色彩。那么,关于神的本性,有什么说道呢? 神的本性,想必是被神的必然性固定了。我们不想与这么一种可能性费口舌,即倒可能存在许多不同类型的神,因为,如此一来,乞灵于神来解释宇宙,这举措本身首先就会劳而无功。我们就会得到这么一个难题:即解释为什么这个特别的神存在,而不是别的神存在。乞灵于作为一个必然性的存在的神,这整个主意是要确保神是独一无二的:神的本质不可能是另外的样子。但是,如果神的本质是被神的必然性所固定了的,那么他还有可能选择创造一个不同的宇宙吗? 莫非他的选择方案是完全没有理性的,是出于一时的怪念头,这相当于有神论的掷硬币;但是,如果是这样,存在就是武断而随意的,我们倒是也能安于一个武断而随意的宇宙,再也不为它费心思了。

哲学家基思·沃德(Keith Ward)详细研究过神的必然性与世界的偶然性之间的冲突。他把这个重要的两难问题总结如下:

> 首先,如果神是自足的,正如可理解性这个公理似乎要求他是自足的,那么他毕竟创造出了一个世界,却为何来? 创世似乎就是一桩武断而无聊的举措。另一方面,如果神确实是一个必然的、不可改变的存在,那么他怎么可能有一种自由的选择呢(他做的一切想必都出自必然性,没有

任何另做打算的可能性)？这个古老的两难问题——要么神的举措是必然的，因此不是自由的(不可能是另外的样子)；要么神的举措是自由的，并因此是武断的(没有任何东西决定那些举措会是什么)——就足以把自古以来的大多数基督教哲学家置于绝望的境地。[16]

这个难题,无论你从哪儿下手,你都要退到那个相同的基本困难那里,即真正的偶然性不可能起于完全的必然性：

> 如果神是一个偶然世界的创造者或者原因,他就必须是偶然的、是时间性的；但是,如果神是一个必然的存在,那么他导致的无论什么东西,就都是必然的、不受时间影响的。有神论的两个解释,都被这块石头绊倒了。可理解性要求一个必然的、不可改变的、永恒的存在。创世却似乎要求一个偶然的、时间性的神,这个神与创世活动互相作用,因此这个神不是自足的。但是,鱼与熊掌你怎么可能都要呢？[17]

沃德又说：

【181】

> 一个必然的、不可变化的存在,怎么可能有力量做任何事情呢？它是必然的,它就不能做它分外的任何事情。它是不可变化的,它就不能做任何新的或原初的事情。……即便创世活动可以被视为一个非时间性的神圣举措,真正的难处却一如既往,因为神的存在全然是必然的,创世活动就是一个必然的举措,在任何方面都不可能是另外的样子。这个观点仍然与基督教传统的一个核心立场不协调:就是说,神本不必创造任何一个宇宙,神本不必恰恰创造出这个宇宙。一个必然的存在,在任何方式上,怎么可能是自由的呢？[18]

舒伯特·欧格登(Schubert Ogden)得出了相同的观点：

> 神学家们通常告诉我们,神自由地创造了这个世界,正如这个与我们的经验相关的偶然的或者不必然的世界所揭示的那样。……与此同时,因为他们固守于经典形而上学的那些假定,神学家们通常告诉我们,神的创世之功带着他的永恒本质,这个永恒本质在每一方面都是必然的,把一切偶然性排除在外。因此,如果我们对他们的言辞信以为真,不打折扣地相信他们的两个断言,我们立刻就发现自己处在那个没有希望的矛盾中,

即关于一个完全偶然的世界的一次完全必然的创造。[19]

神学家和哲学家的论证汗牛充栋，试图破除这个刺眼而顽固的矛盾。限于篇幅，我将只讨论一条特别的、也相当明显的脱离困境的路数。

双极的神与惠勒的云彩

如我们看到的那样，柏拉图对付必然性与偶然性这个悖论的手段，是提出两个神，一个神是必然的，另一个是偶然的：善与神工（Demiurge）。一神论的要求或许能够得到满足，手段是论证这种情形能被合法地说成其实是单一的"双极的"神的两个相辅相成的方面。所谓"过程论神学"的拥护者们采取了这一立场。

【182】　过程论思维试图把世界看做物件的集合，甚至看做事件的集合，但这种集合被看做带有确定的方向性的一个**过程**。时间的流变，因此在过程哲学中扮演着关键角色；过程哲学声称"生成"（becoming）比"存在"（being）重要。与僵硬的机械论宇宙观（起于牛顿及其同道的研究工作）不同，过程哲学强调自然的开放性和非决定论。在现在之中，未来是不明确的：存在某种多项选择。因此，自然被看得有一种自由，那是拉普拉斯的钟表宇宙中所缺乏的自由。这种自由的发生，是通过对还原论的摒弃而发生的：世界多于它的部分之和。我们必须抛弃这么一个观念：即一个实体系统，如一块石头或者一片云彩或者一个人，无非就是许多原子的集合，却被认作许多不同的结构层面的存在。比方说，一个人，肯定是许多原子的集合，但这么一种瘦巴巴的描述方式漏掉了许多更高的组织层面，这种更高的组织层面，对我们用来定义我们用"人"这个词所表达的那种东西而言，才是具有本质意义的。通过把复杂系统看做由许多组织层面构成的一个层次结构，从互相作用的一些基本粒子的因果关系角度来描述的那种简单的"自下而上"的观点，必须被一种更老练的表达方式所取代；在这种老练的表达方式中，较高的层面也能自上而下地对较低的层面发生作用。此可用来把一些目的论的因素，或者说有目的的行为，引进到世界的事态之中。过程思维当然就导致一种有机的或生态的宇宙观，使我们想起亚里士多德的宇宙学。伊安·巴伯把这种关于现实的过程眼光，说成这么一个观点：即世界是一个共同体，由互相依赖的一些存在物构成，而非由一堆齿轮构成的一台机器。

【183】　尽管过程思维的许多线索，在哲学史中早有源远流长的地位，却仅仅是在最近若干年里，过程思维才在科学里成了风尚。量子力学在1930年代的崛起，才使把宇宙看做一台决定论性质的机器这一观念寿终正寝，而更晚近的关

于混沌、自组织和非线性系统理论的研究,影响力更大。这些话题迫使科学家们更多地思考开放系统;开放系统不严格地决定于它们的组成部分,因为它们能够受到环境的影响。一般而言,复杂而开放的系统,对外部影响具有难以置信的敏感性,这使它们的行为不可预言,它们也就被平添了一种自由。到头来令人惊讶的是,**开放系统也能展现有序的、类似于法律的行为,尽管它们是非决定论性质的,也受看来是随机的外部扰动的摆布**。似乎存在一些一般的组织原则,监督着较高组织层面上的复杂系统的行为;这些组织原则与物理学规律(在个体粒子的底层运作)并行不悖地存在。这些组织原则能够与物理学规律相协调,却不可能还原为后者,也不可能起源于后者。科学家们因此重新发现了偶然秩序的那种至关重要的性质。对这些话题的更详细的讨论,可见于《宇宙蓝图》和《物质神话》。

数学家哲学家阿尔弗雷德·诺思·怀特海把过程思维引入了神学。他与伯特兰·罗素合写了那本发生过重大影响的著作《数学原理》。怀特海主张:物质现实是一个网状系统,把他所谓的一些"现实事态"连接在一起。"现实事态"不仅仅是一些单纯的事件,因为它们被赋予了一种自由,以及一种内在的经验,这是机械论的世界观所缺乏的。对怀特海的哲学具有核心意义的,是神为世界的秩序活动负责,不是通过直接的行动,而是通过提供各种各样的潜能,物质宇宙接着就自由地实现一些潜能。如此一来,神并不在本质上的开放性与宇宙的非决定论之间搞折中,而是处在一个把某种趋势向善促成的位置上。关于这种微妙而间接的影响的蛛丝马迹,比方说,或许可见之于生物进化的进步性中,可见之于宇宙自组织为一个由更复杂的系统构成的更丰富的多样状态这一趋势中。怀特海于是就把作为全能的创造者和统治者的神的那种帝王般的形象,改造为投身于这个创造性过程之中的一个参与者。神不再是自足的和不变的,他影响物质宇宙的正在展开的现实,也反过来受这个现实的影响。一方面,神因此不完全嵌在时间之流当中,他的基本性格和目的一如既往地不变和永恒。如此一来,非时间性和时间性就被拌进了单一的实体中。

有些人声称,一个"双极的"神也能把必然性和偶然性联合起来。然而,成就此事,意味着完全放弃神在其神圣的完善状态中可能是简单的(如阿奎那所设想的那样)任何希望。比方说,基思·沃德为神的本质提出了一个复杂的模型,这个模型的一些部分可能是必然的,另一些是偶然的。这么一个神,尽管必然地存在,却被自己的创造物所改变,也被自己的创造性行动所改变,这就包含着一种开放因素或者自由因素。

【184】　　证实一个双极的神的合理性,竟然需要哲学性质的盘旋曲折,为了理解此事,我坦白我曾经不得不苦苦思索。然而,救命稻草却来自一个不曾预料的源泉:量子物理学。关于量子不确定性,让我重述其要旨。像一个电子这样的粒子,在同一时间,不可能拥有确定的位置和确定的动量。你能够测量位置,并且得到一个精确的值;但是,如果是这样,动量的值就完全不确定了,反之亦然。就一个一般的量子态而言,不可能提前说出一个测量活动会得到什么值:能够指出的,仅仅是一些概率。因此,在你对这个量子态做位置测量的时候,一个结果范围是可以得到的。这个系统因此是非决定论的——你可能会说,这是从一些概率范围中做自由的选择——而实际结果是偶然的。另一方面,实验者决定究竟是测量位置,还是测量动量,因此选项的类别(即位置的值的范围,或者动量的值的范围)是被一个外在的执行者所决定的。就这个电子而言,选择项的性质必然地是被固定了的,而实际上被采取的选择方式却是偶然的。

　　为了把这一点讲清楚,让我重复一下约翰·惠勒发明的一个有名的寓言。有一天,惠勒不知情地陷在了"二十问"游戏的某个版本中。你该记得,在这个常规的游戏中,几个玩家商定一个词,猜词者通过问二十个问题,试图把这个词猜出来。玩家只回答"是"或者"不"。在我们说的这个游戏版本中,惠勒开始问那些寻常的问题:它大吗? 它是活的吗? 等等。开始的时候,答案来得很快,但是,随着游戏的进行,答案就变得缓慢而犹豫。最终,他孤注一掷:"它是一片云彩吗?"答案回来了:"是!"大家于是哄堂大笑。玩家却揭了老底:为了难为惠勒,那些玩家并未事先商定一个词。他们却同意纯粹见机行事地回答他的问题,仅仅是不得不与前面的那些答案保持协调。然而,一个答案却被弄出来了。这个显然是偶然的答案,不是事先就被决定了的,但它也不是武断的:这个答案的本质,部分地决定于惠勒选择问的那些问题,也部分地决定于纯粹的机遇。以同样的方式,一个量子测量的结果所揭示的现实,部分地决定于实验者对自然提出的问题(即究竟是问一个确定的位置,还是问一个确定的动量),也部分地决定于机遇(即这两个物理量所得的值的不确定性)。

【185】　　让我们回到那场神学对话。偶然性和必然性的这种混杂,对应于一个神,这个神必然地决定自然将得到的可能的世界是哪些,但他为自然留着自由,让自然从那些可选的世界中做一个选择。在过程神学中,那个假定是这么说的:那些可选项必然地是被固定了的,以便成就一个有价值的最终结果——就是说,那些可选项引导或者鼓励那个(原本可能是不受限制的)宇宙向着好的某种东西进化。然而,在这个得到了引导的框架之内,仍然保留着开放性。这个

世界因此既不完全是被决定的，也不是武断的，而是像惠勒的云彩那样，是由机遇和选择造成的亲密无间的混合物。

神必须存在吗？

本章到此为止，我追踪了关于神的本质的那个"宇宙学证明"的一些结果。宇宙学证明无意于建立这么一个说法，即神的存在是一个**逻辑的**必然。你当然可以想象，神和宇宙都不存在；或者宇宙存在，却没有神。从表面上看，在这两个事态中，似乎都不存在任何逻辑上的矛盾。因此，关于一个必然的存在这一概念是有意义的，即便此论成立，那也不可由此就说这么一个存在真的存在，更不可说它必须存在。

然而，神学的历史也不乏一些尝试，要证明"神的不存在在逻辑上是不可能的"。这个证明，即所谓"存在论证明"，可溯源到圣安塞姆，其论证方式像下文这样。神自固当然地是可能设想到的最伟大的东西。喏，一个真存在着的东西，显然比关于这个东西的单纯观念更伟大。（一个真人——比方说，苏格兰场的一位费边社社员——比一个虚构人物，如福尔摩斯，更伟大。）因此，一个真存在的神比一个想象中的神更伟大。但是，因为神是可能被设想的最伟大的东西，结论是神必定存在。

存在论证明糟糕就糟糕在它在逻辑上耍花招，这个事实削弱了它的哲学力量。其实，在漫长的岁月中，它得到了许多哲学家非常严肃的对待，无神论者伯特兰·罗素有一段时间也曾相信过它。然而，一般而言，连神学家也不准备为这个论点进行辩护。"存在仿佛是东西的一种属性似的"，如质量或者颜色，此论可疑。因此，这个证明方式迫使你拿"真正存在的神"与"不真正存在的神"相提并论。但是，存在，并非任何种类的属性，竟然可以与一般的物质属性并列一处。我能够有意义地说我口袋里有五个小硬币和六个大硬币，但是，说我有五个存在着的硬币和六个不存在着的硬币，是何意思呢？

存在论证明的另一个问题，是要求神解释世界。一个在逻辑上必然的存在物，这个存在物与世界没有什么关系；要证明这个逻辑上的存在物存在，存在论证明是不充分的。但是，很难看出来，一个存在于纯粹逻辑领域中的存在，如何能解释世界的偶然属性。存在论证明依赖于哲学家们所谓的"分析命题"。一个分析命题是一个其真理（或谬误）纯粹出于牵扯于其中的那些词的意义的命题。因此，"全部单身汉都是男人"是一个分析命题。不落在这个类别中的命题叫做"综合命题"，因为综合命题在并不单单根据定义而相联系的事情之间建立了联系。物理学理论总涉及综合命题，因为它们做出的可被验

【186】

137

证的陈述,关系到自然的事实。数学在描述自然(尤其是那些潜在的规律)一事上的成功,能给人一个印象(得到了一些人的辩护,如我们看到过的那样),即世界无非就是数学,反过来这种数学无非就是一些定义和同义反复——也就是分析命题。我相信这一思路是一种糟糕的误解。无论你如何努力,你也不可能从一个分析命题中得到一个综合命题。

伊曼纽尔·康德反对存在论证明。他主张:如果说有什么有意义的形而上学陈述的话,那么必定存在一些命题,必然是真的,而不单单凭借定义而是真的。在第一章中,我解释说,康德相信我们拥有一些先验的知识。因此,康德主张:对任何关系到一个客观世界的思想过程而言,必定存在一些真的先验综合命题。因此,这些综合命题将必定独立于世界的偶然特色而是真的——就是说,在任何世界上,它们必定是真的。不幸的是,哲学家们还不曾被说服相信存在任何必然的先验综合命题。

即便不存在什么必然的综合命题,也可能存在一些不可反驳的综合命题。你能够想象,一套如此这般的命题或许能解释这个世界的那些偶然的特色,诸如物理学规律的形式。许多人或许满足于此。物理学家戴维·多伊池论辩说,"不必试图'无中生有',一个得自一个分析命题的综合命题,"我们倒应该把一些基本层面的综合命题引入物理学,这些综合命题"出于某种外在于物理学的理由,无论如何必须被视为当然。"他进而举了一个例子:

[187] 在探索任何物理学理论之时,有一件事,我们总默认其为先验的,那就是:那个理论所说的那个物理过程正在为人所知、正在得到表达,这个物理过程本身,并不被那个理论所禁止。没有什么我们能够知道的物理学原理,能够自己禁止我们知道它。每一个物理学原理必须满足这一高度限制性的属性,这就是一个先验综合命题,不是因为它必然是真的,而是因为我们在试图去知道这个原理的过程中,不禁要假定它是真的。[20]

约翰·巴罗也建议:关于任何可被观察的世界,存在一些必然的真理。他援引各种"人择原理"论点(试图证明有意识的生物只能出现于这样一个宇宙中,在其中,物理学规律有某种特别的形式):"这些'与人有关的'条件……为我们指向了一些宇宙必定先验拥有的属性,但这些属性不那么平凡,足够被看做综合性质的。先验的综合开始显得像是这么一个要求:每一个可知的物理学原理(构成'宇宙秘密'的部分)必定不禁止我们可能知道它。"[21]

基思·沃德论辩说:我们可以界定关于逻辑必然性的一种较宽的概念。比方说,考虑这么一个陈述:"没有什么东西能够整个是既红且绿的。"这个陈述必然是真的吗？假如我断言它是假的,我的断言并不明显地是自相矛盾的;然而,在全部可能的世界中,我的断言仍然可能是假的,这和在一种形式意义上说它在逻辑上是自相矛盾的,不是一回事。假定这个陈述是真的,用德伊池的话说,"是我们无论如何都会做的一个假定。"那么,"神不存在"这个陈述或许落在这个范畴中。这个断言或许不与命题逻辑的某种形式格局的公理相矛盾,然而这个陈述在全部可能的世界中是假的一说或许是成立的。

最后,应该提一下弗兰克·提普勒,他把存在论证明用于宇宙本身(而不用于神)。提普勒试图克服这么一种反对意见,即"存在"不是某物的一个属性,他的手段是以一种非同寻常的方式来定义存在。在第五章中,我们看到,提普勒如何为如下看法辩护,即对模拟的存在而言,计算机模拟世界的点点滴滴都是真的,正如我们的世界对我们而言是真的。但是,他指出,一个计算机程序在本质上无非是把一套符号或者数字映射到了另一套符号或数字中。你可能认为全部可能的映射——因此全部可能的计算机程序——在某种抽象的柏拉图意义上存在。在这些程序中,将有许多(或许有无数)呈现模拟的宇宙。问题是:在许多可能的计算机模拟品中,哪一些对应于"以物质的方式存在着"的那些宇宙？用霍金的话来说,哪一些把火吹进了它们自身中？提普勒建议:那些"复杂得足以含有作为次级模拟品的观察者(会思考、会感觉的存在物)的模拟品"是一些以物质方式存在的模拟品,起码就模拟的存在物而言是这样。另外,这些模拟品,作为这些映射所涉及的数学运算的逻辑要求的一个结果,必然存在。因此,提普勒的结论是:我们的宇宙(以及许多其他宇宙),作为逻辑必然性的一个结果,必定存在。 **【188】**

选择性

那么,我们的结论是什么呢？在这次哲学小旅行之后,如果读者晕头了,作者也晕啊。在我看来,似乎是这样:存在论证明是这么一个企图,即要把神从空无中定义到存在中,既然如此,从严格的逻辑意义上说,它不能成功。你从纯粹的演绎推理中取出来的东西,不可能多于你放进那几个前提里的东西。往好里说,存在论证明能够表明:如果一个必然的存在是可能的,那么他必定存在。如果关于一个必然性的存在的定义是含混的,那么神就只能无法存在,我能够承认此说。但是,这个证明没能证明,神不存在在严格的形式意义上的不可能性。另一方面,如果存在论证明得到了额外的一个或几个假定的增援,它可能会成功。如果额外的假定(必然是综合的)限于理性思想的存在所必需的预设,那会怎么样呢? 我们于是就能够下结论说:理性探究活动,单凭推理本身,能够建立神的存在。这个暗示仅仅是推测,(比方说)基思·沃德就是一个乐于对此说持开放态度的人:"借助于分析'完善'、'存在'、'必然性'和'生存'这样的概念,你可能发现,这些概念能够被客观地用于这个世界,这一预设就是一个特定类型的对象的存在——这么想,并不荒谬。"22

存在论证明有什么重要性? 如果我们同意这个世界是偶然的,那么一个可能的解释就是:一个超然的神是存在的。我们接着就必得面对这么一个问题:神是必然的,还是偶然的? 如果神仅仅是偶然的,那么我们把这么一个神搬出来(他本身的存在和品性还未得解释呢),我们果真有所得吗? 我们可能有所得。和一个神有关的假说,可以提供关于现实的一种具有简化和统一之功的描述,这一描述是对"一揽子"承认全部规律和初始条件的这种做法的改善。物理学规律或许只能把我们带到目前这么远,我们可以接着寻求一种更深层的解释。比方说,哲学家理查德·斯温伯恩(Richard Swinburne)论证过:承认这个偶然的宇宙是存在的(把这个宇宙看做一桩生糙的事实),与此相比,假设一个无限的心灵是存在的,这个假定就更简单了。如此一来,信神,就大致是一桩口味之事;对这个信念进行判断,是看它有没有解释价值,不看它是不是出于逻辑的强烈要求。就我个人而言,一种更深层的解释,比物理学规律,让我更称心如意。用"神"这个术语来表示那种更深的层次,是不是合适,当然是可以争论的。

另外可能的做法,是你可以拥抱经典的有神论立场,并且争辩说,神是一个必然的存在,神创造一个偶然的宇宙,此乃他自由意志的举措。就是说,神对他自己的存在和品性是别无选择的,但对他创造的这个宇宙,他确实有所选择。如我们看到的,这个立场满是哲学上的难处,尽管某种解决方式或许能够被发现出来。大多数经过尝试的解决方式,陷进了咬文嚼字的泥沼中,为关于"必然性"、"真理"等等的许多定义烦恼不已;许多人似乎坦率地承认事情神秘,就此拉倒。但是,关于神的双极性概念(把神的必然本性与他在这个世界上的偶然举措甄别开),尽管有繁琐之弊,却最接近于对这些难题的克服。

从这些分析中熬出头来的东西,清楚而响亮的,是一位完全非时间性的、不变的、必然的神,与关于自然中的创造性这个概念,与一个能变化和进化、并且展示出货真价实的新东西的宇宙,与一个在其中有自由意志的宇宙,是根本不可相提并论的。鱼与熊掌,你确实不可兼得。要么神固定万事万物(包括我们自己的行为,如此一来,自由意志即为镜花水月)——阿奎那写道:"预先确定的计划,铁定不移"——要么事情的发生,神控制不得,或者神主动放弃了控制权。

在我们离开偶然性这个难题之前，关于所谓多宇宙论，我应该说点什么。【190】按照这个观念（目前很受一些物理学家的青睐），存在不止一个物质宇宙，而是存在无数宇宙。全部这些宇宙以某种方式"平行地"共存，各自都互相不同，或许仅仅是稍微相同。可以想象，事情倒有可能得到了如此的安排，每一个可能的宇宙都存在于这么一个无穷集中。如果你想要一个宇宙，比方说，那里有"立方反比引力定律"而不是平方反比引力定律，那好吧，在某个地方，你会找到这么一个宇宙。这些宇宙的大多数，将无人居住，因为那儿的物理条件不适合于生物的形成。只有如下的这种宇宙会得到观察：在那里，生命能够形成和繁荣，而且繁荣到出现有意识的个体的程度。别的宇宙，不被看见。任何特定的观察者，将仅仅观察一个特别的宇宙，并且不会直接意识到其他宇宙。那个特别的宇宙，将是非常偶然的。然而，"为什么有这么一个宇宙？"这个问题，将无关宏旨，因为全部可能的宇宙都存在。由全部宇宙在一起构成的这个集，不是偶然的。

并非每个人都对多宇宙论高兴。假设无数不被看见、也不可看见的宇宙是存在的，仅仅是为了解释我们确实看得见的这一个宇宙，似乎是一桩行李超重到极端的事儿。假定一位不被看见的神是存在的，那要更简洁些。这个结论，斯温伯恩也得到了：

> 假定神是存在的，是假定一个简单的唯一实体是存在的。……假定无数世界确实是存在的（在这些世界之间，全部的逻辑可能性都被穷尽了）……是假定无数方面的复杂性、并非预先安排的巧合（为理性所难以相信），是存在的。[23]

从科学上说，多宇宙论不令人满意，因为它永远不可能被证伪：什么样的【191】发现将导致一位多宇宙论者改变其想法呢？某人否认其他世界存在，你说些什么以便使他相信呢？更糟糕的是，你可以利用许多世界来解释任何事情，科学成了多余之物。自然的规律性就不再需要研究，因为规律性可以干脆被解释为一种选择效应，是维持我们活着并且观察着所需要的。另外，关于那些得不到观察的宇宙，有某种东西在哲学上不令人满意。把彭罗斯的话换个说法：说某物存在，它在原则上永远不可能被观察，此说何意？在下一章，对这个话题，我将说得更多。

掷骰子的上帝

我姑且承认,你不能证明这个世界是理性的。如下说法,肯定是可能的:在最深的层面上,这个世界是荒谬的,我们必须把世界的存在和特色当作一些生糙的事实接受下来,世界倒也可能是另外的样子。然而,科学的成功,作为支持世界有理性一说的证据,完全不是姑且信之的东西。在科学中,如果某一条推理路线是成功的,我们就对它穷追不已,直追到它不再管用。

在我自己心里,我完全不怀疑如下说法:与支持一个必然的存在的那些证明方式相比,支持一个必然的世界的那些证明方式是虚弱得多的;因此,我个人趋向于选择前者。然而,我也相信,把这个非时间性的、必然的存在,与这个变化着的、偶然的经验世界联系起来,严峻的困难一如既往,其原因我已经讨论过了。我不相信这些困难能够从各种未被解决的谜团中分离出来;那些谜团无论如何是存在的,牵扯的是时间的本质、意志的自由、对人格同一性的说法。在我看来,也不清楚的是:这个假定的存在(支撑世界的理性)是否与宗教的人格神有很多的关系,更不必说和《圣经》或者《古兰经》的神有没有关系了。

对于自然的理性,尽管我毫不怀疑,我也相信关于一个创造性的宇宙的说法,我的理由见于我的书《宇宙蓝图》。在这里,我们不可避免地遭遇到了那个悖论,即把"存在"和"生成"协调起来,把"变化"和"永恒"协调起来。成此协调,非得折中。这种折中,名曰"随机性"。一个随机系统,粗略而言,是一个服从于不可预言的随机起伏的系统。在现代物理学中,随机性以根本的方式进入了量子力学。在我们处理服从于混沌的外部扰动的开放系统的时候,随机性也不可避免地出现。

【192】

在现代物理学理论中,理性反映在固定的数学定律中,创造性反映在这些定律在根本上采取统计学的形式这一事实中。再用一次爱因斯坦的那句用烂了的话,上帝和宇宙掷骰子。原子事件内在的统计学性格,以及许多敏感于微小起伏的实体系统的不稳定性,担保未来一直是开放的,不被当前所决定。新形式与新系统的出现,借此而可能;因此宇宙被赋予了一种自由,一种探索真正的新奇性的自由。我因此发现我自己与过程思维同声相应,正如我在本章早些时候说的那样。

在根本的层面上,把随机性引入自然,我意识到此事意味着部分地摒弃充足理由原则。如果自然中存在真正的随机性,那么任何一次"掷骰子"就真正不被任何东西决定,这就是说,在某一个案中,某一结果出来了,何以如此,是没有什么理由的。让我举一个例子。想象一个电子与一个原子相撞。量子力学告诉我们，这个电子向左和向右偏斜的概率是相等的。如果量子事件的统计学性质是真正内在固有的，并非我们无知的结果；那么，如果这个电子实际上向左偏斜，那么它为什么如此，它为什么不向右偏斜，就什么理由也没有。

这是不允许非理性进入世界吗？爱因斯坦认为，不允许。（"上帝不跟宇宙掷骰子！"）为什么他从来不承认量子力学为现实提供了一个完整的描述，理由就在这里。但是，张三认为的非理性，李四却觉得那是创造性。在随机性与混乱之间有区别。新形式和新系统的发展受制于一般的组织原则，组织原则引导并促进（而非强迫）物质和能量沿着某种预先被决定了的进化路径发展。在《宇宙蓝图》中，我用了一个词"预定"（predestination），来指这些一般的趋势，来区别于"决定论"（determinism）（阿奎那用这术语的那种意思）。在有些人看来（如过程神学家们），在宇宙的创造性发展的方式中，这些人宁愿看到神的指引，而看不到自发性；于是，随机性可以被视为一种高效率的装置，通过这个装置，神圣的意图可得以执行。不需要有这么一个神，通过"掷骰子"来直接干预进化历程（在第五章的行文中，我做过这个暗示）。导向，能够通过（非时间性的）组织规律和信息流来实现。

或有人反对说，如果你准备着在某个阶段抛弃充足理由原则，你就也可以在别处抛弃它。如果某一个电子"仅仅是碰巧"向左偏斜，那么平方反比引力定律或者宇宙初始条件莫非也"仅仅是碰巧"那样的？我相信对这个问题的回答是"不"。在这个方面，量子物理学固有的随机性，是根本不同的。完全混沌或者随意性这种条件（量子骰子的"公平性"）本身是一个规律，其性质相当有约束性。尽管每一单个的量子事件或许真正是不可预言的，但这样的事件累积起来，就符合量子力学的统计学预言。你或许可以说，混沌中有秩序。物理学家约翰·惠勒强调说，看来有规律的行为，能够从随机起伏的看似无规律状态中涌现出来，因为甚至混沌也能拥有统计学上的规律性。这里的要点，是量子事件组成了一个我们能够观察的整体。与此不同，物理学规律和初始条件不是这样。争辩累积起来的许多混沌过程中的每一事件碰巧是其所是，和争辩像一条物理学规律这样的有序过程碰巧是其所是，完全是不同的两码事。

在此番哲学远足中，我至此关心的大致是逻辑推理，很少提及与这个世界相关的那些经验性的事实。存在论证明和宇宙论证明，各自仅仅是为某种必然的存在者的存在的指路牌。这个存在者一如既往地模糊和抽象。如果这么一个存在者存在，那么通过考察这个物质宇宙，关于这个存在者的本质，我们能够说得出来一些东西吗？这个问题就把我带进了宇宙中的设计这一课题中。

【193】

第八章　设计师的宇宙

【194】　　物质世界的那种精微、壮丽和错综的组织状态,总使人类怀有敬畏之心。日月星辰横驰苍穹、春夏秋冬周而复始、雪花的六角结构、适应环境的芸芸众生——全部这些东西看来都安排得过于巧妙,不大可能是一场鲁莽的事故。有一种自然的倾向,要把宇宙的这种颇具匠心的秩序,归于某位神祇有目的的运作。

　　科学的兴起,有助于揭示自然更多的神妙,因此我们今天发现的秩序,见诸从至为幽深处的原子,一直到最遥远的星系。但是,科学也为这种秩序提供了它自己的理由。面对雪花,甚至面对活物,我们不再需要神学解释。自然规律就是如此这般,物质和能量能够把自己组织成我们周遭的那些复杂的形式和系统。声称科学家对这种自组织无所不知,或许轻率;尽管如此,似乎也没有什么基本理由说,鉴于有物理学规律,全部所知的实体系统就不能令人满意地被解释为普通的物理过程的产物。

【195】　　有人由此得出了一个结论,说科学已经把宇宙的全部神秘和目的都剥夺了;物质世界的那种精巧的布置,或者是一场鲁莽的事故,或者是机械论规律的一个不可避免的结果。物理学家斯蒂芬·温伯格(Steven Weinberg)相信,"宇宙越是显得可理解,它就越是显得空洞无聊。"[1] 对这种凄凉的情绪,生物学家雅克·莫诺(Jacques Monod)随声附和:"古老的圣约分崩离析:在宇宙无情的浩瀚之中,人终于知道自己形单影只;人的出现,单凭偶然。无论他的命运,还是他的义务,都不曾得到规定。"[2]

　　然而,从这些事实中,并非全部科学家都得到了相同的结论。尽管承认自然的组织状态能够得到物理学规律连同合适的宇宙初始条件的解释,有些科学家却认识到,宇宙中的许多复杂结构和系统,其存在是依赖于这些规律和初始条件的某种**特别的**形式。另外,在某些情况中,自然中复杂性的存在,似乎给搞得相当平衡,因此规律形式中的一些小小的不同,也会明显阻止这种复杂性的出现。一项仔细的研究表明：宇宙的规律极其合适，刚好适合丰富性和多样性的出现。就生物的情况而言，它们的存在似乎依赖于好多幸运的巧合，一些科学家和哲学家已经呼喊，万事万物全部令人惊讶。

宇宙的统一

这种"好得叫人不敢相信"的说法，有几个不同的方面。第一个不同方面，关系到宇宙一般的有序性。存在数不清的方式，宇宙本来是可能完全混乱的。宇宙本可能完全没有什么规律，或者仅仅有一大堆不协调的规律，导致物质以无序的或者不稳定的方式行为。另一种可能的情况，是宇宙本来可能极端地简单，都能到没有特点的地步——比方说，没有物质，或者没有运动。你也可以想象一个宇宙，其中的条件，以复杂而随机的方式时时变化；其中的万事万物甚至全都突然停止存在。关于这么一个桀骜不驯的宇宙观念，似乎不存在什么逻辑上的障碍。但是，这个真实的宇宙不像这样。它是高度有序的，存在轮廓分明的物理学规律和确定的因果关系，存在对这些规律的运作的一种可依赖性。自然的行程，用大卫·休谟的措辞来说，一如既往地总是千篇一律。这种因果性的秩序，并不出自逻辑必然性；它是这个世界的一种合成的属性，并且正是因为这种属性，我们才蛮有理由要求某种解释。

物质世界所展现的，并非纯粹武断的规律性；它的有序，采取的是一种非【196】常特别的方式。正如在第五章里解释的那样，在两个双胞胎般的极端情况中间，宇宙很有趣地找到了平衡：一个极端是简单的军团式的有序性（如水晶的那种），另一个极端是随机的复杂性（如一团混乱的气体的那种）。这个世界无可否认地是复杂的，但它的复杂性具有**组织化的**多样性的性质。用第五章引进的那个专业术语来说，宇宙的状态有"深度"。这种深度并未内置于起源时的宇宙中。以一种自组织过程的序列，这种深度从原初的混沌中涌现出来，使进化中的宇宙丰富和复杂起来。容易想象一个世界，尽管是有序的，却不拥有正确种类的力或者条件，以使重要深度得以出现。

物质世界的秩序是特别的，还有另外一层意思。这关系到自然的普遍一致性和统一性，也关系到这么一个事实，即我们毕竟能够把"这个宇宙"作为一个无所不包的概念来有意义地谈论它。这个世界包含一些个别的物件和系统，但它们被构造成这样，合在一起来看，构成了一个统一而协调的整体。比方说，各种自然力并非仅仅是完全相异的一些影响力的一种随意凑合的结果。以一种互相支持的方式，各种自然力斗榫合缝，这为自然赋予了一种稳定性与和谐性；要用数学手段艰难地捕捉这种稳定与和谐，但对任何深入研究过自然

145

的人而言,那是显而易见的。我已经用填字游戏为类比,以传达我以斗榫合缝的一致性这说法意在表达的意思。

　　发生在某一微观尺度(比方说,在核物理学中)的那些过程,似乎得到了精细的微调,而能产生在大得多的尺度上的(如在天体物理学中)的那些有趣而多样的效应,此事特别引人注意。因此,我们发现将重力与氢气的热力学属性和力学属性结合起来,能制造大量气体球。这些气体球大得足以引发核反应,却不过分地大,以至于迅速塌陷成黑洞。以这种方式,稳定的恒星得以诞生。许多大恒星死法壮观,爆炸成所谓的超新星。这种爆炸力部分来自自然的最难以捉摸的亚原子粒子(中微子)的作用。中微子几乎完全没有物理属性;一般的宇宙中微子能穿透许多光年厚的固体铅。然而,这些鬼怪实体,在靠近一个濒死的大质量恒星的核心的那种极端条件下,集聚起了足够的冲击力,把大量恒星物质打进了太空。这种残骸物质富含重元素,行星地球得以造就。我们因此可以把类似于地球的那些行星的存在(连同它们的多样的物质形式和系统)归因于亚原子粒子的那些或许永远也不能被发现的性质,而这种粒子的作用非常微弱。恒星的生命周期提供的仅仅是这种看似匠心独运的方式的一个例子罢了;在这种方式中,物理学的大尺度和小尺度方面密切纠缠在一起,产生了自然中的复杂的多样性。

　　除了自然的各方面的这种条理一贯的相互交织之外,自然还有怪异的一致性。在实验室里发现的物理学规律,同样适用于遥远星系的那些原子。在你家电视屏幕上制造影像的那些电子,与月球上或者可观察到的宇宙边缘的那些电子具有相同的质量、电荷和磁矩。另外,这些性质,在此一刻和下一刻,始终如一,没有什么能够侦查到的变化。比方说,电子的磁矩能够以十位数的精确度得到测量;即便到了这么一种异乎寻常的精确度,也不曾发现这种属性有什么变化。也存在可靠的证据,证明物质的基本属性,即便在宇宙的年龄那么长的时间里,也不可能变得很大。

　　和物理规律的一致性一样,在宇宙的空间组织状态中也存在一致性。在大尺度上,物质和能量分布得极端均匀;在每一处,在全部方向上,宇宙显得以相同的速度在膨胀。这意味着另一个星系中的外星人看到的大尺度的物质排列方式,在很大程度上和我们看到的是一样的。我们和其他星系共有相同的宇宙结构学和相同的宇宙历史。如在第二章描述的那样,宇宙学家利用所谓暴胀宇宙的模型来解释这种一致性,这个模型涉及宇宙在诞生后不久突然膨胀到宇宙的大小。这将有一种把任何初始的不规则状态都修匀的效果。然而,重要的是要意识到,以一种物理的机制来解释这种一致性,完全不会削弱其特殊性,因为我们仍然可以问为什么如此这般的自然规律允许那种机制发生作用。切题的要点不是这种非常特别的形式产生出来的方式,而是这个世界得以如此构造以至于它**已经**产生出来的那个方式。

最后,存在得到大量讨论的规律的简单性。我这么说的意思是:规律能以简单的数学函数来表达(如平方反比定律)。我们也能想象一些世界,在其中,存在规律性,但那是非常复杂种类的规律性,需要把不同的数学因素以一种笨重的方式联合起来。我们发展出我们的数学,恰恰把世界搞得看起来简单,此事需要付出的价码,我在第六章讨论过了。我相信,数学在描述世界一事中的"不合情理的有效性",表明自然的规律性是非常特别的一种。 【198】

生命如此之难

我曾试图建立一个论点:一个有序而协调的宇宙的存在,其中包含稳定的、有组织的、复杂的结构,需要特别种类的规律和条件。全部证据表明,这个宇宙不是一个信手拈来的宇宙,而是一个调整得非常好的宇宙,某些有趣而重要的实体才可能存在(如稳定的恒星)。在第七章中,我解释过弗里曼·戴森(Freeman Dyson)和其他人,如何把这种感觉正式表达为"最大多样性原则"那样的东西。

在我们考虑到生物存在的时候,这种情形就变得更加引人入胜。生物系统有非常特别的条件,可喜的是,自然满足了这些条件。起码从十七世纪以来,这个事实就得到了讨论。然而,到了二十世纪,随着生物化学、遗传学和分子生物学的发展,完整的画面才开始出现。早在 1913 年,哈佛杰出的生物化学家劳伦斯·亨德森(Lawrence Henderson)就写道:"物质的属性与宇宙进化的过程,如今被视为与生物的结构与活动关系密切;……生物学家现在或许有理由认为宇宙在本质上是生物中心的。"[3]亨德森得到这个令人惊讶的看法,起于他对生物酸碱度调节的研究,而这种调节决定性地依赖于某些化学物质的那些相当特别的属性。水有很多异常属性;在基本层面上,水如何成为生命的一部分,他对此也印象深刻。假如各种各样的这些物质不存在,或者假如物理学规律稍有不同,以至于这些物质就不具有这些特别的属性,那么生命(起码是我们所知道的生命)就是不可能的。亨德森认为对于生命的这种"环境的合适性"太大了,不可能是偶发性的,他想知道什么样的规律能够解释这么一种匹配。 【199】

1960 年代,天文学家弗雷德·霍伊尔(Fred Hoyle)就评论说,碳元素特别的化学属性,对于地球生命而言生死攸关,碳是用大体积恒星内部的氦制造出来的。超新星爆炸把碳元素从那里释放了出来,如在前一节讨论过的那样。核反应导致碳在恒星核中形成,在研究此事的时候,霍伊尔大为惊讶于如下事实:这种关键的反应之所以可能,仅仅是因为幸运。碳核的制造,靠的是一种相当凑巧的过程,涉及三个高速的氦核同时相遇,然后粘在一起。因为三核相遇非常稀罕,这种反应只能在某种相当确切的能量(术语是"共振态")上才以可观的速率发生,而这种反应速率被量子效应大大强化了。凭借好运气,这种共振态中有一种刚好与大恒星内部的氦核拥有的那种能量相符。令人不解的是,霍伊尔在当时并不知道这个,但他预言事情必定是如此,根据是碳在自然中是一种大量存在的元素。后来的实验证明他是对的。一项细致的研究也揭示了其他一些"巧合";如果没有这些巧合,碳就既不会在恒星中产生,也不会被保存于其中。霍伊尔也被这种"魔鬼般的偶然事件序列"惊呆了,他不禁评论说,事情好像是"核物理规律经过了故意的设计,考虑到了它们在恒星内部产生的那些后果。"[4] 后来,他详细阐述了这么一个观念:宇宙看来像是一桩"有预谋的工作",好像有人在用那些物理学规律"鼓捣什么"。[5]

【200】　　举出这些例子,意在以此作为一个抽样而已。另外一些"幸运的偶然事件"和"巧合"的长长清单已经被人编纂起来了,最值得注意的是天文学家布兰登·卡特(Brandon Carter)、伯纳德·卡尔(Bernard Carr)和马丁·芮斯(Martin Rees)所编的。合起来看,他们提供了令人大开眼界的证据,说明我们所知的生命,非常敏感地依赖于物理学规律的形式,也依赖于那些看上去偶然的事件(自然为各种粒子、力度等等选择了它们实际的数值)。有足够的理由说,如果我们可以扮演上帝的角色,并且通过胡乱摆弄一套旋钮来为这些物理量选择数值,我们就会发现,几乎全部的旋钮设置都将使宇宙了无生趣。从某些事例来看,事情好像是那些不同的旋钮都经过了精细的调试,调试得极端精确,宇宙才可能是这样,生命才可能繁荣。约翰·格里宾(John Gribbin)和马丁·芮斯在他们《宇宙巧合》(Cosmic Coincidences)一书中总结说:"我们宇宙中的那些条件,确确实实地唯独适合于像我们这样的生命形式。"[6]

　　我们只能观察一个与我们自己的存在相协调的宇宙,此说是老生常谈。如我提到的,人类的观察与宇宙的规律和条件,这两者之间的联系,成了所谓(有些不幸)"人择原理"。在刚才说的这种琐屑形式中,人择原理并不声称我们的存在不知道怎么**逼迫**物理学规律具有它们具有的那种形式,你也不必下结论说那些规律是故意被设计出来的,设计的时候心里还惦念着人类。可话说回来,事物存在方式中哪怕有小小的改变,也会导致宇宙得不到观察,这个事实想必是一个意味深长的事实。

　　宇宙是被一个智力创造者设计的吗？

　　早期希腊哲学家们意识到，宇宙的秩序与和谐需要解释；但是，这些性质源自一位造物主的工作，他是按照一个预先构思出来的计划来工作的。这么一个想法，到了基督教时代才得到了明确的阐述。在十三世纪，阿奎那提供的观点，是自然物体的行为好像受了引导，要达成一个确定的目标或者目的，"以便得到最好的结果"。阿奎那论辩说，手段与目的如此相配，意味着一种意图。但是，看到自然物体缺少意识，那么它们自己是不可能提供那个意图的。"因此，某种智力存在是存在的；借助于它，全部自然的事物才得到引导，以达到其目的；这个存在，我们称之为神。"[7]

　　到了十七世纪，随着机械科学的发展，阿奎那的论点崩溃了。牛顿的定律 【201】把物体的运动解释得颇为恰当，他的说法是惯性与力，用不到神的监督。对世界的这种纯粹机械的解释，也不曾为目的论（最终的或者神引导的那些原因）留出地盘。对物体行为的这种解释，要在物质性的近因中寻找——就是说，由近旁别的物体对某些物体施加的力。然而，世界观的这种转化，不曾把世界必定是出于一个目的而被设计出来的这一想法彻底清除。如我们知道的，牛顿本人相信太阳系显得过于工巧，不可能单单起于盲目力量的作用："这个最漂亮的太阳、行星和彗星的系统，只能出自一个有智力、有力量的存在的谋划和统治。"[8] 因此，即便在机械论的世界观里，你仍然会困惑于宇宙中的物体得到布置的那种方式。在许多科学家看来，设想自然的那种微妙而和谐的组织状态是纯粹机遇的结果，这太过分了。

这个观点得到了罗伯特·波义耳（你该知道波义耳定律的名声）的阐发：

> 世界这个伟大系统的匠心独运，尤其是动物身体的那种不可思议的构造，以及它们的感官和肢体的用处，已经有力地敦促全部时代和国家的哲学家们，承认一个神性是这些奇妙结构的创造者。[9]

　　波义耳引用了宇宙与钟表机械之间的那个著名的类比，这个类比得到了十八世纪的神学家威廉·佩利（William Paley）最雄辩而精致的阐述。佩利论辩说，设想你正在"穿越一片榛莽之地"，碰见一块表躺在地上。对这表视察了一番，你观察到了它的那些零件的精巧组织，看到它们如何以协作的方式编排在一起，以达成一个集体的目的。即便你以前不曾见过一块表，对它的功能也一无所知，你也会情不自禁地从你的观察中得到一个结论：如此巧构，是为某一目的而设计的。佩利进而论证说，在我们考虑自然的那些复杂得多的精巧之物的时候,我们应该得到(甚至以更有力的方式得到)相同的结论。

这个论证的弱点,被休谟揭发了出来,是靠着类比而展开。机械论的宇宙,类比于一块表;这表有一个设计师,因此宇宙必定也有一个设计师。你或许也可以说,宇宙像一个生物,因此它必定是从某种宇宙子宫里的一个胎儿长起来的! 很清楚,没有什么类比性质的论证能够相当于一个证明。往好里说,类比只能提供对一个假说的支持,支持的力度将依赖于你在多大程度上觉得那个类比有说服力。

【202】　　如约翰·莱斯利指出的,如果世界到处散落着花岗岩碎块,学着钟表匠的商标做派,碎块上都贴着"上帝制造"的标签,那么这个世界上的休谟们想必会信服了吧?"倒是可以问个问题:关于神圣的创造活动的每一片能够想象的看似真实的证据,包括(比方说)写在自然发生的链分子结构中的那些信息,会不会都被弃之如敝屣,还要说上一句'那里头没有什么可信的东西!'"[10]可以设想,自然中有设计的清楚证据,是存在的;但是,那证据以某种方式对我们藏着。或许在我们成就了某种水平的科学造诣的时候,我们才能意识到那位"设计师的商标"。这是天文学家卡尔·萨根(Carl Sagan)的小说《接触》(Contact)的主题,小说写到一条信息,微妙地嵌在圆周率的那些数字之间——圆周率这个数,是宇宙结构本身的一部分——只有借助于老练的计算机分析,那条信息才能读到。

大多数讲道理的人,也接受关于世界的另外一些类比性质的论点,这么说也对。有一个例子,关系到物质世界的存在本身。我们的直接经验总是提到我们的心智世界,一个由感觉印象构成的世界。我们一般把这种心智世界想成相当忠实的地图或者模型,表示一个"就在那儿"的真正存在着的物质世界,而且把梦境和实境甄别开来。然而,一幅地图或者一个模型也仅仅是一个类比的说法;就这里说的事情而言,这个类比是一个我们通常乐意接受的类比。在我们断定存在我们之外的别的一些心灵的时候,就需要一种更大的信念跳跃。我们对于其他人类的经验,完全起于与别人身体的相互作用:我们不能直接感知他们的心灵。肯定地说,从别人的行为看,好像他们也有我们自己的心智经验;但是,我们永远不能知道那个。别的心灵存在,这个结论完全基于把别人的行为和经验类比于我们自己的行为和经验。

设计证明不能被分类为对的或者错的,而仅仅是在或大或小的程度上有所暗示。那么,它暗示什么呢? 今天没有哪个科学家赞同牛顿,声称太阳系安排得太合适了,不可能自然地就出现了。尽管太阳系的起源得到了很好的理解(大家知道存在一些机制,这些机制能够把行星摆得像我们发现的那样并然有序），但宇宙的整体组织状态却向一位现代天文学家暗示出了一点设计的意思。因此，詹姆斯·金斯宣称："宇宙显得是由一位纯粹的数学家设计的，"而且宇宙"开始看起来更像一个伟大的思想，而不像一台大机器，"他还写道：

> 我们发现宇宙显示出证据，存在一种设计力或者控制力；这种力量与 【203】
> 我们自己每个人的心灵有共同之处——就我们到目前所发现的而言，不
> 是感情、道德或者审美欣赏，而是那种（由于缺少更合适的词）我们称之为
> 数学的思想方式的趋向。[11]

让我们离开天文学一会儿。"自然的工巧"的那些最惊人的例子，发现于生物学领域；佩利倾注了好多注意力的，正是针对这些例子。在生物学中，对手段改造一番，以适应于目的，很有传奇色彩。比方说，考虑一下眼睛。很难想象这个器官本意不是为了提供观看之功；或者鸟长着翅膀不是为了飞这个目的。在佩利和其他许多人看来，这么一种精妙而成功的适应，表明是由一位有智力的设计者适时安排的。呜呼，我们都知道这个论点很快就死了。达尔文的进化论决定性地证明了，有效地适应环境的复杂组织状态，是能够作为随机的突变和自然选择的结果而出现的。为了制造出一只眼或者一只翅膀，用不到什么设计者了。这种器官显得是相当平凡的自然过程的一种结果。这种奚落性质的兴高采烈，在牛津的生物学家理查德·道金斯（Richard Dawkins）的书《盲目的钟表匠》（*The Blind Watchmaker*）中得到了精彩的表现。

对设计论点的惨烈撕扯，是由休谟、达尔文和其他人发起的，结果它多少 【204】
被神学家们完全抛弃了。因此，近些年来许多科学家让设计论点起死回生了，此事就格外蹊跷。在其新形式中，这个论点不仅被引向宇宙的如此这般的物质对象，而且也被引向潜在的规律——这种规律免于达尔文主义者的攻击。要看出其中的原因，让我解释一下达尔文革命的根本特点。在其核心部位，达尔文理论需要一个由相似个体组成的一个集体，选择对这个集体发生作用。比方说，考虑一下，北极熊如何和雪融为一体。想象一群棕色的熊在雪域打食，它们的猎物易于看到它们过来，就急忙溜之乎也，棕色的熊日子难过了。然后，由于基因上的某种偶然的变故，一头棕色的熊生了一头白熊。这头白熊生活得很好，因为它能悄悄摸近它的猎物，不那么容易被看到。它就比它的那些棕色的竞争者活得长，并且生下了更多的白色后代。这些后代吃得也比较好，也生下了更多的白熊。用不了多久，白熊就占了上风，抢走了全部的食物，把棕色的熊逼得灭绝了。

很难想象前述故事这样的事情不接近于真相。但是需注意的是,起先就得有许多熊,这有多么重要。这群熊中的一头,偶然地生来就是白的,其他熊所缺乏的一种选择性优势就得到了。这整个的论证依赖于自然有能力从一群相似的、彼此竞争的个体中进行选择。然而,说到物理学规律和宇宙的初始条件,就不存在什么一群竞争者。规律和初始条件,对我们的宇宙而言,是独一无二的。(是否存在一群宇宙,其规律也不同,稍后我将回到这个问题。)如果生命的存在需要物理学规律和宇宙的初始条件被调整到很高的精度,那么这种调整实际上是得到了,于是关于设计的暗示似乎就是令人信服的。

但是,在我们跳到这个结论之前,也要考虑一些反驳。首先,有时有人争辩说,如果自然不曾被授意产生生命的形成所需要的合适条件,那么我们自己也就不会在这里为这个问题争论了。这么说当然是真的,但是这很难成为一个反驳。事实却是,我们**存在**于此,承蒙某种相当合适的编排而存在于此。我们的存在本身不能解释这些编排。你可能说,我们肯定非常幸运,宇宙仅仅是碰巧拥有生命繁荣起来所需要的那些必要条件,以此把这个问题抛到一边;但是,那样说的意思是我们的存在是一桩没有意义的蹊跷命数。我们还要说,那是个人判断的问题。设想能够证明,生命是不可能的,除非电子质量与质子质量之比在某个完全独立的数字(比方说,水和汞在 18 摄氏度时的密度之比的一百倍)的 0.00000000001% 之内,那么即便是最顽固的怀疑者,想必也情不自禁地下结论说:存在"某种怪事儿"。

【205】 那么,我们如何判断这种布置到底有多么"蹊跷"?难处在于,关于大家都知道的那些"巧合",要量化其固有的非常不可能性,是没有任何自然方法的。比方说,必须从什么值域中选择核力(固定霍伊尔共振态的位置,比方说)的力度的值?如果这个值域是无限的,那么任何有限的值域的被选择概率就可以被认为是零。但是,那样的话,我们会同样惊讶,无论生命条件对那些数值的限制有多么微弱。这整个的论证想必是归谬法。所需要的是某种"超理论"——一种关于理论的理论——来为任何参数值域提供一个轮廓清楚的概率。没地方去找这种"超理论",据我所知,也不曾有人提出过"超理论"。在有这么一种理论之前,牵扯其中的"蹊跷度"必定总是完全主观的。然而,极不可能却也仍然是可能的!

有时被提出来的另一种反对意见,是说生命进化得适合于既有的条件,因此,发现生命如此适应于环境,此事完全不令人惊讶。此说可能对,只要环境的一般情况要得到考虑才好。比方说,适度的气候变化多半是能够受得了的,但是,指着地球说:"看啊,那些条件多么适合于生命啊!气候刚好合适,有氧气和水的充足供应,引力强度刚好与四肢的尺寸般配,等等,等等。多么了不起的一串巧合事件啊,"则肯定是一个错误。在散布于我们的星系以至于更远处的众多行星中,地球是绝无仅有的一颗。生命只能形成于条件合适的行星上。假如地球不是这些行星中的一颗,那么这本书倒也可能写于另外一个星系中。我们在此考虑的事情,不是像地球上的生命这么一种本乡本土的东西。我们的问题是这样:在什么条件下,生命起码可能起于宇宙中的某处? 如果别处的生命出现了,它将必然发现自己处在一种合适的地址中。

我一直讨论的特殊性论点,并不指这个或者那个小环境,而是指潜在的物理学规律本身。除非这些规律满足某些要求,生命就发动不起来。显然,假如不存在什么碳,碳基的生命就不可能存在。但是,关于另外可能的生命形式(科幻作家特别喜欢的那种),我们又怎么说呢? 我们又一次实在不能知道。如果物理学规律与实际存在的形式稍有不同,我们所知道的这种生命可能性就丧失,而为新的生命可能性所取代。与此说对立的,是这么一个一般看法,即生物学机制其实是相当确定的,也很难操控,不大可能从一种胡乱的物理编排中涌现出来。但是,在我们对生命起源拥有一种恰当的理解之前,或者说在我们对宇宙别处的可能生命形式拥有知识之前,这个问题必定总是可以讨论的。

[206]

自然的匠心

再次重温爱因斯坦的名言:"上帝是微妙的,但并不恶毒。"我们就得到了自然秩序的另一个引人入胜的方面的线索。爱因斯坦的意思是:要成就对自然的理解,你必须发挥了不起的数学技巧、物理学洞见,以及心智上的独创性;非得如此,这一目标方可达到。这个话题,我在第六章中以有些不同的措辞讨论过;在第六章,我指出世界似乎被构造成这么一种方式,对它做的数学描述完全不是小菜一碟,却仍然为人类推理能力所能及。

我已经说过一次或者两次了,要把关于自然的数学微妙性传达给那些不熟悉数学物理学的人,是很难的;然而,对那些投身其中的科学家们而言,我现在所指的意思,就足够清楚。在粒子物理学和场论(高等数学的几个分支必然被归并于其中)的那些话题中,我提到的东西或许是最热门的。以最粗糙的方式来说:你发现,直截了当地运用数学,让你走得好远,然后你被卡住了。某种内在的矛盾出现了,要不就是理论得出的结果与这个真实世界不相符到无望的地步。然后,某个聪明人过来了,找到了一个数学窍门(一个定理中的某个隐而不彰的出路;也可能是用全新的数学语言对于原初问题的一种优雅的重新表述）——然后，你就瞧好吧，各种事情变得有条不紊！你不可能抵抗得住冲动，不禁要宣称：自然起码和这位科学家一样聪明，自然也"瞄准"了这个窍门，也利用这个窍门。你常常听到理论物理学家用非常随便的口语说话，他们抬举他们的特别理论，是用这种俏皮话：它太聪明了，太微妙了，太优雅了，难以想象自然不利用它！

【207】 让我对一个例子轻描淡写一番。在第七章中，我讨论过最近一些人企图把自然的四种基本力统一起来。为什么自然应该部署四种不同的力？有三种力，或者两种力，甚至一种力，但有四个不同方面，那不更简洁、更节约、更优雅吗？或者说，在有关物理学家们看来，事情似乎就是如此，因此他们就在这些力中间寻找相似之处，看看有没有什么数学的合并方式是可能的。在1960年代，有希望的候选者是电磁力和弱核力。大家知道电磁力通过名为"光子"的那种粒子的交换而运作；这些光子，在像电子这样的带电粒子之间跳来跳去，并产生出力作用于它们。你抚摸一个气球，然后让它飘到天花板上，或者感觉一下磁铁的拉扯和拒斥，你就正在见证由这些巡回的光子构成的这种网状系统，以不可见的方式做它们的工作。你可以想象这些光子很像一些信使，在粒子之间传送关于力的消息，粒子接着就必定对那消息有反应。

现在，理论家们相信，在弱核力作用的时候，与此相似的某种事情，在核内部进行着。一种假定的粒子，被诡秘地叫做W，被发明出来以扮演信使的角色，类似于光子的那种角色。但是，光子在实验室里司空见惯，可是没有人见过一个W，因此，这个理论中的主要向导就是数学。这个理论被重铸成这么一种方式，在本质上类似于电磁学，很能启发人心。这个主意是这样的：如果你有大体相同的两种数学方案，你就可以把它们串到一块儿，然后对付着使用单一的合并方案。这种重装，部分的意思是：引进一个额外的信使粒子，即所谓Z，它甚至比W更类似于光子。麻烦的是，即便在这个新被改善了的数学框架之内，那两个方案（电磁学和弱力理论）在基本方面也仍然是彼此不同的。尽管Z和光子共有许多属性，但它们的质量却天差地别，这是因为信使粒子的质量，以一种简单的方式，与力程相关：信使粒子质量越大，相应的力的力程就越短。现在，电磁是一种无限力程的力，需要一个零质量的信使粒子，而弱力局限于亚核的距离，需要它的信使粒子质量很大，比大多数原子的质量都大。

【208】 关于光子的无质量性，让我说上三言两语。一个粒子的质量和它的惯性有关，质量越小，惯性就越小；因此，在被推动的时候，它加速得就越快。如果一个物体质量很小，那么一个给定的推力将给出一个很大的速度。如果你想象质量越来越小的一些粒子，那么它们的速度将越来越大。你可能想，一个零

质量的粒子,将以无限的速度运动;但是,事情不是如此。相对论禁止比光还快的旅行,因此零质量的粒子以光速运动。光子,就是"光的粒子",是明显的例子。与此不同,W 和 Z 粒子被预言有的质量,大约分别是光子质量的八十和九十倍(光子在已知稳定粒子中是最重的)。

理论家们在 1960 年代面临的这个难题,是如何把描绘电磁力和弱力的两个优雅的数学方案结合起来,尽管在一个重要的细节上它们非常不同。突破性的进展发生在 1967 年。以谢尔登·格拉肖(Sheldon Glashow)在早些时候构造的那个数学框架为基础,两位理论物理学家,阿卜杜勒·萨拉姆(Abdus Salam)和斯蒂芬·温伯格(Steven Weinberg),各自独立地看到了一条前进的道路。基本概念是这样:设想 W 和 Z 的大质量不是原有的性质,而是获得的某种东西,是与别的某种东西相互作用的结果;就是说,设想这些粒子,这么说吧,并非生来就质量大,仅仅是带着某个别人的负荷,那怎么样呢?这种区别很微妙,但至关重要。它意味着质量不归因于潜在的物理学规律,而归因于 W 和 Z 通常被发现身处其中的那个特别的**状态**。

一个类比或许能把这个意思讲得更清楚。让一支铅笔站在它的尖上,把它扶得垂直。现在,撒手。这支铅笔会倒下,并且冲着某个方向。比方说,它指向东北,这铅笔达成那么一个状态,是地球引力作用的结果。但是,它的"东北性"并非一种内在的引力品质。地球的引力肯定有一种内在的"上下性",而没有"北南性"或者"西东性"或者任何介于这两者之间的东西。在不同的水平方向上,引力不做任何区别。因此,那支铅笔的"东北性"仅仅是"铅笔加引力"系统的一个偶然属性,这个系统反映那支铅笔碰巧身处其中的那种特别的**状态**。

说到 W 和 Z,引力的角色是由一个假定的新场扮演的,名为"希格斯场",由爱丁堡大学的彼得·希格斯(Peter Higgs)而得名。希格斯场与 W 和 Z 互相作用,导致它们在某种象征意义上"倾倒"。它们倒不曾捡到"东北性",却捡到了质量——好多的质量。通向把电磁力统一起来的道路,如今打开了,因为,不在场里,W 和 Z"确实"是无质量的,和光子类似。这两个数学方案于是就能够合并起来,产生出关于单一的"电弱"力的一种统一的说法。

其余的呢,如俗话说的,就是历史了。在 1980 年代早期,坐落在日内瓦附近的"欧洲核子研究中心"(CERN)的几台加速器,终于产生出了 W 粒子,接着产生了 Z 粒子。这个理论得到了精彩的肯定。两种自然力被看做实际上是单一力的两个侧面。我想说的意思,是自然明显看到了那个论点——你不能把无质量与大质量的粒子归并起来——中的那个出路;如果你使用希格斯机制,

【209】

155

你就能。

这个故事有一个后记。希格斯场(做了首要的工作)有它自己的相关粒子,名叫"希格斯玻色子"。它的质量多半确实很大,这意思是你需要好多能量来制造它。没有人曾经发现一个希格斯玻色子,但是,在有待于发生的发现名单上,它是第一号。希格斯玻色子的产生,将是在九十年代晚期计划在德克萨斯州的灌木林地建造的那个大而新的加速器的主要目标之一。名为"超导超级对撞机"(SSC),这台魔鬼机器的周长将大约是五十英里,会把质子和反质子加速到前所未有的能量上。反向旋转的离子束将会碰撞,产生出凶猛骇人的碰撞。这是指望 SSC 会积累起足够的冲劲儿,以便制造出希格斯玻色子。但是,美国人将和欧洲人赛跑;欧洲人希望希格斯玻色子将在"欧洲核子研究中心"的某台机器中露脸。当然,在找到一个希格斯玻色子之前,我们拿不准自然是否果真使用希格斯机制。或许自然已经发现了一个更聪明的路数。瞪大眼睛,看这场大戏的最后一幕吧!

容纳万物之所,万物各在其所

就其学科内容,科学家们发问,"为什么自然为这事儿烦扰?"或者"那是个什么意思呢?"此时,他们似乎把智力的推理活动赋予了自然。他们如此提问,尽管故意带着得意洋洋的神气,但其中也有严肃的内容。经验表明,自然确实和我们一样讲究节约、效率、漂亮以及数学的精细,而且这种研究路子常常能带来好处(如把弱力和电磁力统一起来)。大多数物理学家相信,在他们学科的复杂性下面,坐落着一个优雅而有力的统一体;进步是能够成就的,手段是侦察到那些数学"诀窍",自然利用这些"诀窍",从这种潜在的简单性中产生出一个有趣、多样而复杂的宇宙。

【210】比方说,在物理学家们中间,存在一种心照不宣却几乎是普遍的感觉:存在于自然中的万事万物必定各有其"所",或者说,在一个更广大的布局中扮演一个角色;自然不会沉湎于挥霍,不会展现一些没有必要的实体,自然不会武断而随便。物质现实的每一侧面,都以一种"自然的"和逻辑的方式,与其他那些侧面相联系。因此,名为 μ 子的那种粒子在 1937 年被发现的时候,物理学家伊西多·拉比(Isidor Rabi)大吃一惊。"是谁下的那个命令?"他惊呼。在全部的方面,μ 子几乎与电子相同,它的质量另当别论,比电子的质量大 206.8 倍。电子这位大哥不稳定,一两微妙之后就衰变,因此它不是物质的一种常有的特点。然而,它似乎自有资格成为一种基本粒子,它不是用其他粒子拼成的。拉比的反应是典型的。μ 子是干什么的? 为什么自然需要另一类电子,

尤其是这种转瞬即逝的电子？假如 μ 子干脆不存在，这个世界会有所不同吗？

　　自那以后，这个难题变得越发明显。如今我们知道有**两个**大哥。第二个【211】
大哥，被发现于 1974 年，名为"τ 子"。更糟糕的是，别的粒子也有高度不稳定
的大哥。所谓"夸克"（跟质子和中子一样，是核物质的建筑模块）也有两个更
沉重的版本。中微子还有三个品种呢。这种情形简明扼要地列在表 1 中。事
情好像是这样：全部已知粒子都可以被安排到这三"代"里。在第一代中是电
子、电子中微子，以及名为"上夸克"和"下夸克"的两种夸克（它们一起构成质
子和中子）。第一代中的粒子基本上全都是稳定的，并且制造出我们所见到的
宇宙的一般物质。你身体中的原子，太阳和星体的原子，都是由这些第一代的
粒子构成的。

表 1

	轻子	夸克
第一代	电子	上夸克
	电子中微子	下夸克
第二代	μ 子（或"缪子"）	奇夸克
	缪子中微子	粲夸克
第三代	τ 子	底夸克
	τ 子中微子	τ 子

已知粒子由十二种基本实体组成。其中的六种，名为"轻子"，相对较轻，只参与弱相互作
用。其余六种，名为"夸克"，质量并且参与强相互作用，并由它们组成核物质。这十二种
粒子可编为三代，各代属性相似。

　　第二代粒子看来几乎是第一代的复制品。在这里，你发现了 μ 子，这东西
把拉比吓得不轻。这些粒子（以及可能例外的中微子）是不稳定的，很快就衰
变为第一代粒子。接着，你瞧，自然又玩这一套，给了我们第三代中的另一套
模式复制品！现在，你或许在寻思，这种复制有没有个尽头。或许存在无数
代，我们看到的就会真的是某种简单的重复性模式。大多数物理学家不同意。
1989 年，"欧洲核子研究中心"（CERN）的一台新加速器，名为 Lep（是"大型正
负电子对撞机"的缩写），被用来仔细考察 Z 粒子的衰变。喏，Z 衰变为中微
子，衰变率决定于自然中既有的完全不同种类的中微子的数目；因此，对衰变
率的仔细测量结果，可以用来推算中微子数。答案出来了，是三，这意思是只
存在三代。

于是,我们就不明白了:干吗是三?一或者无限,是"自然的";但是,三,简直别扭。"粒子代谜团"刺激出了一些重要的理论工作。粒子物理学中最令人满意的进展,来自对一个数学分支的运用,其名为"群论"。群论和对称性这个课题联系密切,而对称性是自然"最中意的"表现之一。群论可被用来把看上去不同的粒子联合成一些统一的族。关于这些族怎么被表示出来,怎么被联合起来,以及怎么描述每一类粒子中的许多粒子,现在有了确定的数学规则。大家希望的,是一种群论描述将使自己依赖于另外一些根据,而另外那些根据也将要求三代粒子。自然看起来放荡,到头来将被看做某种更深的统一性对称的一个必然的结果。

当然,在那种更深的统一状态被展现出来之前,这个与粒子代相关的难题,似乎提供了反对如下论点的一个反例:自然精打细算,并不恶意地武断。但是,我如此相信自然和我们一样节俭,我就甘当命运的人质,保证粒子代难题将在此后的十来年之内得到解决,而且那个解决方案将提供更多的抢眼证据,以证明自然确实遵守如下规矩:"容纳万物之所,万物各在其所。"

【212】 这个粒子代游戏有一个有趣的推论,一个强化我的观点的推论。我对表1中的那些条目一直不完全实事求是,在我写这本书的时候,上夸克还不曾得到最后的确定。有好几次,它被"发现了",只是不久之后,又发现它不曾被发现。现在,你或许就不明白了,为什么物理学家们那么自信上夸克存在,很乐意花掉他们难得的资源的一大块来寻找它。要是它并不存在呢?要是那个表(毕竟是人造之物)确实有一个缺口呢(那就不存在三代,而是二又四分之三代)?这个,你很难找到这么一个物理学家,他真相信自然竟然是这么别扭;等到上夸克被发现了(就像我毫不怀疑它最终会被发现一样),它就会提供另外一个例子,说明自然做事干净利索。

粒子代难题其实是一个我已暗示过的更大统一格局的一部分,一小群理论家正在正面对付这个格局。约翰·鲍金霍恩(John Polkinghorne)在当牧师之前,是一位粒子物理学家,写过物理学家们对统一大计的下一步的自信:

> 我以前的同事们正在操劳,要尽力产生一个包罗万象的理论。……我会说,在眼下,他们的努力有一种刻意炮制的神态,甚至有些绝望。似乎还缺少某个关键事实或者观念。然而,我不怀疑,有朝一日,某种更深刻的理解会得以成就,一种处在物质现实基础中的更深邃的模式将被他们窥破。[12]

如我提到的,所谓超弦理论是目前的时尚;但是,毫无疑问,某种别的东西很快会来到。尽管重大的困难就在前头,但我同意鲍金霍恩的看法。我不相信这些难题真正是不可解决的,我不相信粒子物理学不能被统一起来。全部的线索迫使你设想,在万象之下,存在着的是统一性,而不是武断的随便,尽管一些人对此搔首踟蹰。

关于"需要"全部那些粒子的这个问题,让我发表最后的看法;μ 子,尽管在寻常物质中不见其踪影,在自然中却毕竟扮演一个相当重要的角色;面对此事,令人遐思。到达地球表面的大多数宇宙射线,其实就是 μ 子。这些射线构成了天然本底辐射的一部分,并且对推动进化的基因突变有贡献。因此,起码在有限的程度上可以说,你在生物学中为 μ 子发现了用处。这提供了另一个例子,说明大尺度的东西和小尺度的东西之间的那种斗榫合缝;在本章开篇我提过此事。

需要一位设计师吗?

我希望前述讨论会让读者相信:自然世界并不仅仅是由好多实体和力量构成的一锅杂烩,而是一个宛如奇迹、颇具匠心的统一的数学格局。喏,"颇具匠心"和"聪明",不可否认其是人类品质,但你情不自禁地也把它们归于自然。这究竟是我们把自己的思想范畴抛进了自然的又一个例子呢,抑或它代表着世界的一种真正内在的品质?

从佩利的表出发,我们走了好长的一段路。再回到我最得意的那个类比吧,粒子物理学的世界,更像一个填字游戏,不那么像钟表机械。每一个新发现都是一个线索,在某种新的数学连结中找到了它的答案。随着发现的东西累积起来,越来越多的连接字被"填上了",你就看到一个模式浮现出来。目前,在这个填字游戏中,还有许多空白;但是,和它的微妙性和一致性相关的某种东西,也可瞥见。机械装置能够随着时间而慢慢发展出越发复杂或有组织的形式;与此不同,粒子物理学的"填字游戏"是原先就办妥了的。这游戏中的连接方式不进化,它们仅仅是在那儿,在潜在的规律中。我们要么接受之,视之为确实令人惊异的生糙事实,要么寻找一个更深刻的解释。

按照基督教的传统,这个更深刻的解释是:上帝以了不起的独创和技巧,设计了自然,而粒子物理学的事业正在揭示这个设计的一部分。如果你准备接受此说,下一个问题就是:上帝产生这么一个设计之物,是为什么目的? 在为这个问题寻找答案的时候,我们需要考虑到很多"巧合";早先在讨论人择原理和生物必需的条件的时候,我们提过此事。若要有意识的生命在宇宙中进化出来,那么自然规律明显经过的"微调"就是必要的,此说的弦外之音是清楚的:神把宇宙设计成这样,就是为了如此这般的生命和意识能够出现。这就意味着在宇宙中我们自己的存在,就构成了神的计划的一个核心部分。

【214】　　　但是,设计必然暗示一位设计师吗?约翰·莱斯利论证说,不必。你该记得这个,那是在他说到关于宇宙存在是"道德要求"的一个结果的那个创造理论中,他写道:"一个世界,其存在是一种道德需要的一个结果,这么说也是一样的,也富含证明一位设计师手笔的似真的证据,无论这种道德需要是否依赖于受一种仁慈的智力引导的创造性举措。"[13] 简单地说,一个善的宇宙,在我们看来,也是设计出来的,即便它并不是设计出来的。

【215】　　　在《宇宙蓝图》中,我写道,宇宙看起来**好像**是按照某种规划或者蓝图而展开的。这个想法(部分地)得到了图 12 的那种示意方式的表达。照这图来说,蓝图(或者你更喜欢说宇宙计算机程序)的角色,是由物理学规律来扮演的,这都由样子像是绞肉机的示意图来表示。输入是宇宙初始条件,输出是一种有组织的复杂性或称深度。这幅景象的一个变种,见于图 13,在那里,输入是物质,输出是心灵。重要的特色是**有价值的**某种东西出现了,那是某种别出心裁的一套先在的规则所规定的处理过程的结果。这些规则看起来**好像**是智力性的设计的产物。我看不出这么说怎么能够被否认。你是否乐意相信那些规则真的是如此被设计出来的,(如果你乐意相信,那么)那些规则又是被什么种类的存在所设计的,必定总是一桩与个人趣味有关的事儿。我自己趋向于设想,像工巧、节约、漂亮等等品质有一个真正超然的现实——它们不仅仅是人类经验的产物——这些品质也在自然世界的结构中得到了反映。这样的品质本身能否把宇宙带入存在,我不知道。如果它们能,你倒是可以把神构思为仅仅是如此这般的创造性品质的一种神秘的人格体现,而非一个独立的行动者。当然,任何觉得自己与神有个人关系的人,都不大可能对这个构思感到满意。

　　　初始条件

　　　物理学规律

　　　有组织的多样性

图 12　关于宇宙进化的示意图,宇宙开始于某种相对简单的无特色的初始状态,初始状态接　　着得到了固定的物理学规律的"处理",产生了一个输出状态,富于有组织的复杂性。

物质

物理学规律

心灵

图 13 从简单到复杂的物质进化(图 12 所示)包括有意识的生物从初始的无生命物质中的产生。

多重现实

对设计证明的最严峻的挑战,毫无疑问来自多宇宙假说,或称多现实假说。在第七章里,联系着证明神存在的宇宙论证明,我介绍过这个理论。该理论的基本观念是:我们所见的这个宇宙,是大量宇宙中的一个。在把它拿来攻击设计证明的时候,这个理论建议:全部可能的物质条件都被呈现在这一群宇宙中的某个地方;为什么我们自己的这个特别的宇宙看起来是被设计出来的,其原因是:只有在拥有看起来显得是做作出来的形式的那些宇宙中,生命(因而意识)才能出现。因此,我们发现自己处在一个如此符合生物学要求的宇宙中,此事并不令人惊讶。这个宇宙是"以与人有关的方式而被选择出来的"。

首先我们必须问,证明别的那些世界存在的证据是什么。哲学家乔治·盖勒(George Gale)编了一个列表,包括几种物理学理论,都以这种或那种方式暗示存在一群宇宙。[14]最经常得到讨论的那种多宇宙论,涉及一种量子力学的解释。要看出量子不确定性怎么会导致不止一个世界这么一种可能性,那就考虑一个简单的例子。想象沉浸在磁场中的单一电子,这个电子拥有一种内蕴自旋,这赋予它一个"磁矩"。这个电子的磁性与外部磁场将有一种相互作用的能量,这种能量将依赖于被强加的磁场方向与这个电子自己的磁场方向之间的夹角。如果这两个磁场成一条直线,能量就低;如果这两个磁场相对,能量就高;处在中间边帮角的时候,能量将在这两个值之间变化。我们实际上能测量这个电子的定向,手段是测量这种磁相互作用的能量。被发现的东西,以及对量子力学规则具有基本意义的东西,是只有**两个**能量值可被观察,大致说来,这两个值对应于那个电子的磁矩,或者是与那个磁场成直线,或者是与之相对。

如果我们故意使那个电子的磁场与强加磁场垂直,一个有趣的情况现在就出现了。就是说,依着我们的意愿,使那个电子既不向上指着那个外在磁场,也不向下指着它,而是与它打个十字。从数学上说,对这个布局的说法,是

【216】

说这个电子处在两种可能性的"重叠"状态中。那就是说,这一状态(还得强调这是大致而言)是两个重叠着的现实(上自旋态和下自旋态)的混血儿。喏,如果测量能量,结果将总被发现**要么上,要么下**,不是这两者的某种怪异的混合。但是,量子力学固有的不确定性禁止你提前知道这两个可能性中的哪一个其实会占优势。然而,量子力学规则允许你把**相对概率**指派给这两个可选项。在我们考虑的这个例子中,上和下的概率是相等的。于是,按照多宇宙论的一个粗糙版本的说法,在做一项测量的时候,宇宙就分裂为两个拷贝;在其中的一个拷贝中,自旋是上,在另一个中,自旋是下。

一个更精细的版本设想:总有两个宇宙被涉及,但这先于这两个宇宙在一切方面相同的那个实验。这个实验的效应,将导致这两个宇宙的区别(涉及电子的自旋方向)。在概率不相同的情况下,你可以想象存在对应于相对概率的许多相同世界。比方说,如果概率是2/3上自旋态和1/3下自旋态,你就可以想象三个起初等同的宇宙,其中的两个保持等同并且有上自旋态,另一个有下自旋态而把自己区别于前两个。一般而言,你需要无数个宇宙来涵盖全部的概率。

现在想象着把关于单一电子的这个观念,扩展到宇宙中的每个量子粒子。在整个宇宙中,每一个量子粒子所面对的固有的不确定性,不断地借助于把现实分化为更独立存在的许多宇宙而得到解决。这幅图景意味着任何可能发生的事情,都将发生。就是说,每一套在物理学上可能的环境(尽管并非每一事情在逻辑上都是可能的)都会在无数套宇宙中的某处得到展现。

各种宇宙必须被认为在某种意义上是"平行的"或者"共存的"一些现实。任何具体的观察者当然只会看到其中的一个,但我们必须假定这个观察者的意识状态将是这种分化过程的一部分,因此许多可选世界中的每一个世界都将包含观察者心灵的诸多拷贝。你不可能察觉到这种心智的"分裂",是这个理论的一部分;我们的每一份拷贝都觉得自己是独一无二的,是完整的。然而,我们自己的数量惊人的拷贝是存在的!这个理论尽管看上去怪异,但它的这种或那种版本却得到了为数不少的物理学家和一些哲学家的支持。这个理论的优点,在那些投身于量子宇宙学的人看来,是特别令人信服的;在量子宇宙学那里,量子力学的多种可选解释,还不像这个理论那么令人满意呢。然而,必须要说的是,这个理论也不缺少批评者,其中的一些人(如罗杰·彭罗斯),对我们不会注意到那种分裂一说,提出了挑战。

关于一群世界,这个理论无论如何不是唯一的猜想。另一个猜想,想象起来稍显容易,是说:我们一直称其为"宇宙"的那个东西,或许仅仅是一个伸展于空间中的一个大得多的系统的一小片。假如我们的仪器能够让我们看到大约一百亿光年之外,我们将看到(因此这个理论说)这个宇宙的那些大大不同于我们的区域的其他区域。能如此被囊括进来的不同区域,为数无限,因为宇宙或许是无限大的。严格地说,如果我们把"宇宙"定义为全部存在的东西,那么这就是一种关于许多区域的理论,而非关于许多宇宙的理论,但这种区分对我们的目的无关宏旨。

　　我们现在必须对付的问题,是支持设计的证据,是否同样有资格作为支持多宇宙的证据。从某些方面说,回答毫无疑问是肯定的。比方说,宇宙的大尺度空间组织状态,对生命而言是重要的。如果宇宙是高度不规则的,它或许就产生黑洞或者混乱的气团,而不会产生轮廓分明的众星系,其中包含着对生命有促成作用的稳定恒星和行星。如果你想象无限多样的许多世界,在其中,物质是随机分布的,那么混乱就到处占优势。但是,在这儿或者那儿,纯粹凭借机遇,一个秩序的绿洲会出现,允许生命形成。暴胀宇宙说的一个改写版本,走的是这一思路,已经被苏联物理学家安德烈·林德(Andrei Linde)提出并研究了。尽管宁静态的绿洲稀少得难以想象,但我们发现自己身处其中的一个,此事不令人惊讶,因为我们不可能住在别处。宇宙的超大部分是由几乎真空的空间构成的,而我们却发现自己并不寻常地处在一颗行星的表面上,此事毕竟也不令人惊讶。因此,宇宙秩序不必归因于对事情的凑巧布置,而毋宁归因于与我们的存在相关的不可避免的选择效应。

　　这类解释,甚至可以扩展到对粒子物理学的"巧合事件"的一部分。我讨论过希格斯机制如何被用来揭示 W 和 Z 粒子得到质量的方式。在那些更精致的统一理论中,引进了另外一些希格斯场,以便为全部粒子产生质量,也用来把这个理论的一些其他与力度相关的参数固定下来。喏,正如我在 208 页(英文版页码)上用过的那个倾倒的铅笔的类比中一样,这个系统也倾倒进大量不同状态中的一种状态中(东北、东南、西南等等),因此,在这些更精致的希格斯式的机制中,粒子系统能够"倾倒"进不同的状态中。究竟哪个状态得到了采纳,将随机地依赖于量子起伏——也就是量子力学内置的那种固有的不确定性。在多宇宙论中,你必须设想每一个可能的选择,都由一个完整的宇宙呈现于某处。另外也可能的是,不同的一些选择也可能发生于空间的一些不同的区域。无论方式是哪一种,你都有一群宇宙系统,在其中,质量和力采取了不同的值。那就可能论辩说,只有在这些物理量采取了生命所必需的那种"巧合的"值的时候,生命才会形成。

　　在解释自然的那些本来会被认为相当特别的事实的时候,多宇宙论颇有

【218】

【219】

力量;尽管如此,这个理论也面对相当严峻的反驳。第一种反驳,我在第七章中已经讨论过,说这个理论悍然不顾奥卡姆剃刀,引进了巨大(确实是无限的)复杂性来解释绝无仅有的一个宇宙的那些规律性。我发现,以这种"杀鸡用牛刀"的路数,来解释我们宇宙的这种特殊性,在科学上是成问题的。还有一个明显的问题,是这个理论只能解释自然的那些与有意识的生命存在相关的方面;否则,就没有什么选择机制了。我举的很多支持设计说的例子,如粒子物理学的创造性和统一性,与生物没有什么明显的关系。我们记得这个理论连和生物相关的那种特点都解释不了,要解释生物实际上无处不在,就更困难得厉害了。

一个常常被粉饰了的要点,是在全部源自真正的物理学的多宇宙论当中(不同于仅仅想入非非其他宇宙的存在),物理学规律在全部的世界中都是一样的。在可能有的那些宇宙中做选择,仅限于选择那些**在物理学上**可能的宇宙(这与那些可以被想象的宇宙不同)。在关于电子的那个例子中(那个电子可以是上自旋的,或者下自旋的),两个世界包含一个电荷相同的电子,遵守相同的电磁学规律,等等。因此,尽管如此这般的多宇宙论或许能为这个世界在多种可能**状态**做一个选择,这些多宇宙论却不能为**规律**做一个选择。

出于真正的潜在规律而存在的自然特色,与由于选择来的状态而有的自然特色,这二者之间的区别,确实并不总是清楚的。如我们见到的,某些参数(如一些粒子的质量),在以前被固定进了理论,被当作物理学规律的一部分,如今却被归于通过希格斯机制而有的一些状态。但是,希格斯机制只能在一个装备着自己的一套规律的理论中发挥作用,而这些规律将包含另外一些还需要解释的特色呢?另外,尽管量子起伏或许导致希格斯机制在不同宇宙中以不同的方式运作,但远远不清楚的是,在目前被构思的那些理论中,粒子的质量、力度等等的全部可能的值是否能够得到。在大多数情况下,希格斯机制以及与之相似的所谓对称破裂设想,都产生一套分立的(确实也是无限的)可选方案。

【220】　　因此,以这种方式来解释自然的**合规律性**,如一些物理学家表明的那样,是不可能的。然而,把多宇宙论这个观念扩展一番,使之也囊括不同的规律,此事不可能吗?对此,不存在什么逻辑上的反对意见,尽管在科学上也没有什么办法来证明它有道理。但是,假定一个人确实有兴致考虑更大的一堆可选现实是存在的,对此而言,关于规律、秩序或者规律性的任何概念都不存在,那么混沌就统治一切。这些世界的行为是完全随机的。那好,正如一只猴子胡乱敲打一台打字机将最终打出莎士比亚,在那更大一堆现实中的某处,将有部

分的有序的一些世界,这仅仅是凭机遇。人择的推理方式就引导我们下结论说:任何观察者都将感知到一个有序的世界,尽管这么一个世界的出现,鉴于它有那么多混沌的竞争者,令人难以置信。这说法解释得了我们的世界吗?

我认为答案显然是"不"。让我再说一遍:"人择原理证明",只解释对生命所必需的那些自然的方面。如果存在完全的无规律状态,那么数目巨大的随机选择的有人居住的世界,将只以保持生命所必需的那种方式来成为有序的。比方说,为什么电子电荷必得保持绝对固定,或者为什么不同的电子应该有完全相同的电荷,是没有理由的。电荷数值中的微小起伏,不会危及生命。但是,如果使那个数值保持固定(而且固定到令人惊讶的精确地步)的不是一条物理学规律,那什么才是呢?你倒可以想象,一群宇宙,具有选择来的规律,因此每个宇宙带有一套完整而固定的规律。我们或许就可以用人择的推理方式来解释为什么我们观察到的那些规律中至少有一些是其所是。但是,这个理论必得仍然预先假设存在规律这个概念,而且你仍然可以问那些规律来自何处,以及那些规律如何以一种"永恒的"方式"依附于"那些宇宙。

我的结论是:多宇宙论最多只能解释范围有限的一些特色,而且你还必须【221】附加上一些形而上学的假定;这些形而上学的假定,并不比设计论更少铺张。到末了,奥卡姆剃刀迫使我把赌注押在设计论上;但是,形而上学总是形而上学,我的这个决定大致上是一件口味上的事情,不是科学的判断。然而,值得注意的是,既相信一群宇宙,又相信一位设计师上帝,完全不会有矛盾。确实,如我讨论过的那样,听似有理的世界群理论仍然需要一些解释,如为什么那些宇宙有合规律的特点,以及首先为什么存在一群世界。我还应该提到的是:这些讨论(从对于仅仅一个宇宙的观察开始,进而做出了一些关于这种或那种特色的几乎不可能性的推论),提出了一些关于概率论本质的深刻问题。我相信,以约翰·莱斯利的处理方式,这些讨论已经得到令人满意的处理;但是,有些评论家宣称,"在事件之后"(在这里"事件"是我们自己的存在)往回论证的那些企图,是荒谬的。

宇宙学的达尔文主义

最近,李·斯莫林(Lee Smolin)建议了对多宇宙论的一种有趣的改造,他避开其他多宇宙论遭到的那些反对意见的手段,是提供了一种怪异的连结方式,把生物的需要和许多宇宙的多样性联系起来。在第二章里,我解释过量子宇宙学的研究者们如何暗示"婴儿宇宙"能够自发地出现(作为量子起伏的一个结果),还解释过你可以想象一个"母亲宇宙"以这种方式产生子孙后代。新宇宙可以诞生的一种环境,是一个黑洞的形成。按照经典的(前量子的)引力理论,黑洞遮蔽一个奇点,这个奇点可以被看做某种时空边缘。以量子的眼界来看,不知怎么,这个奇点是模糊的。我们不知道怎么会是那样,但倒有可能的,是时空的清晰界线被某种隧道或者喉咙或者脐带代替了,后者使我们的宇宙连着一个新的婴儿宇宙。如在第二章解释的那样,量子效应将导致这个黑洞最终蒸发,切断了那根脐带,并且把那个婴儿宇宙打发出去,让它自立门户。

【222】 斯莫林对这一构想的改善,是接近于奇点的那些极端条件将有这么一种效果:即导致物理学规律发生小小的随机变化。特别要说的,是某些自然常量的数值(如粒子质量、电荷等等)在女儿宇宙中或许不同于在母亲宇宙中。女儿宇宙于是会以稍微不同的方式进化。鉴于有足够多的世代,相当大的变化就发生于许多宇宙中。然而,大大不同于我们的宇宙的那些宇宙,很可能不会进化出我们宇宙中的那样的恒星(你该记得,形成恒星所需的那些条件是相当特别的)。因为黑洞最可能从死去的恒星中形成,这样的宇宙将不会产生许多黑洞,因此也将不会产生许多婴儿宇宙。与此不同,很适于形成许多恒星的那些宇宙,将也形成许多黑洞,因此也将生下许多婴儿宇宙,婴儿宇宙也拥有数值相似的这些参数。宇宙生育力的不同,发挥着达尔文式的那类选择效应。尽管许多宇宙并不互相竞争,但却有"成功的"宇宙和"不很成功的"宇宙;因此,"成功的"宇宙(意思是高效的恒星制造者)在全体宇宙中所占的比例,会是相当大的。斯莫林进而指出:恒星的存在,也是形成生命的一个至关重要的前提条件。因此,促进生命的**同样**条件,也促进其他能够产生生命的那些宇宙的诞生。在斯莫林的方案中,生命不是一种极端的稀罕之物,而在其他多宇宙论中,生命很稀罕。相反,大多数宇宙都适于生命居住。

尽管此论有吸引力,不清楚的是,在解释这个宇宙的特殊性一事中,斯莫林的理论是否有所进展。生物选择与宇宙选择之间的联系,是一种有吸引力的特色;但是,我们仍然想知道,为什么自然规律是如此这般,那种联系才发生。生命的必要条件和婴儿宇宙的必要条件,如此匹配,这可太走运了。另外,为了使这个理论能够有意义,在全部这些宇宙中,我们仍然要求规律具有相同的基本结构。这种基本结构也允许生命的形成,此事一如既往地是一个引人注意的事实。

第九章　宇宙尽头的秘密

"大多数科学家嘴上说要回避宗教,而其实宗教统治他们的思想,甚于宗 【223】
教统治教士们的思想。我总觉得此事颇堪玩味。"

弗雷德·霍伊尔

在为存在之谜追索最终答案的过程中,本书的要旨一直是追索科学理性的逻辑,追索到它的极致。关于万事万物的一个完整解释,或许是有的——如此一来,全部的物质存在和形而上学存在,就构成了一个封闭的解释体系——此一想法,颇为撩拨人心。但是,此番求索的目标,并非痴人说梦,我们哪儿来的这份自信?

海龟的力量

在名著《时间简史》中,斯蒂芬·霍金以故事开篇,讲的是一位女士,她打断 【224】
了关于宇宙的一堂课,声称她自己更明白。这个世界嘛,她宣布,其实是一个扁盘子,安顿在一只巨龟的背上。讲课人问她,那只龟又安顿于什么东西,她答道,"一路往下,全是乌龟!"

这个故事象征着那个至关重要的难题,为物质存在的大谜寻求终极答案的所有人,都面对这个难题。我们乐于以某种更基本的东西来解释这个世界,那更基本的东西或许是一套原因,这套原因依次又安顿于某些规律或者物理学原理之上;但是,我们接着也为这种更基本的层面寻找某种解释,如此等等。这么一条推理的链条,能止于何处呢? 无穷倒退,难以令人满意。"没有什么乌龟塔,"约翰·惠勒宣布,"没有什么结构,没有什么组织计划,没有什么思想框架,被另一个由许多观念组成的结构或者层面支撑着,再被另一个层面支撑着,再被另一个,以至于无穷,一直到无底的漆黑。"[1]

还有第二个法子吗? 一只"超级龟",扛着塔基,它自己却不被别的什么东

167

西支撑着,有这龟吗?这只超级龟,以某种方式"支撑着它自己",可能吗?此类信念,历史悠久。我们见识过,哲学家斯宾诺莎如何论证这个世界不可能是另外的样子,神无可选择。斯宾诺莎的宇宙被纯粹的逻辑必然性这只乌龟支撑着。即便那些相信这个世界纯属偶然的人,也诉诸相同的推理方式,争辩说这个世界由上帝来解释,而上帝在逻辑上是必然的。在第七章中,我回顾了一些难题,一些伴随着以必然性来解释偶然性的那些尝试的难题。对那些准备废除上帝的人而言,这些难题也同样严峻;他们为某种"万有理论"进行辩护;万有理论试图解释宇宙;基于逻辑必然性,万有理论也是独一无二的。

【225】　　事情似乎是这样:唯一的选择,好像就是一柱无限的乌龟塔,或者存在一只终极超级乌龟;对超级乌龟的解释,坐落在它内部。但有第三个可能性:即一个封闭的圈。有一本轻松愉快的小书,名为《恶性循环与无限》(*Vicious Circles and Infinity*),封面是一幅照片:一圈人(而非乌龟),每个人都坐在后面那人的膝盖上,而这人的膝盖上又坐着一个人。[2] 这个互相支撑的封闭的圈,象征约翰·惠勒对宇宙的构想。"物理学导致观察者的参与;观察者的参与导致信息;信息导致物理学。"[3] 这种相当诡秘的说法,植根于量子物理学的那些观念;观察者和被观察的世界紧密交织在一起:因此就有"观察者的参与"。惠勒对量子力学的解释是:只有通过观察的行为,关于这个世界的物理现实才得以实现;然而这同一个物质世界产生观察者,观察者为把物质世界的存在具体化负责。另外,这种具体化甚至扩展到了物理学规律本身,因为惠勒完全摒弃永恒的规律这想法本身:"物理学规律不可能永永远远地存在。它们必定是在大爆炸的时候进入存在的。"[4] 因此,不诉诸无时间性的超然规律来把宇宙带入存在,惠勒偏爱"自激电路"这个比喻,这意思是物质宇宙将自身推到了存在、规律以及其他的一切之中。关于这个封闭圈式的参与性宇宙,惠勒自己的象征说法表现在图14中。这种"圈状"系统尽管整洁,也不可避免地缺乏一个关于事物的完整解释,因为你仍然可以问"为什么是**那个**圈?"甚至可以问"为什么存在的是圈?"连一个由互相支撑的乌龟圈也招致这个问题:"为什么是乌龟?"

【226】　　上述三种安排,全都基于人类有理性这个假定,为事物寻求"解释"是合法的;我们真理解某种事情,只在这个事情得到了"解释"为然。然而,不得不承认,"合理的解释"这一概念,多半源于我们对世界的观察,源于我们的进化遗传。在我们为那些终极问题争论的时候,如此这般的理性也能提供合适的向导吗?存在的理由并没有通常意义的解释,难道事情不可能是这样吗?这不意味着宇宙是荒谬的、是没有意义的,只意味着对于宇宙的存在和属性的理

解,坐落在理性的人类思维的那些寻常范畴之外。我们已经看到,人类推理在其最精致而形式化的意义上的运用——数学——是如何仍然充满了悖论和不确定性的。哥德尔定律警告我们:从给定的假定中进行逻辑推理的公理方法,一般不能提供一个能被证明是既完整、也一贯的系统。总会有超越一定范围之外的真理,不可能从有限的一堆公理中达成。为寻求一种封闭的逻辑方案,来为万事万物提供一个完整而首尾一致的解释,是注定要失败的。如柴汀的神秘数,这么一种东西或许抽象地存在于"那儿"——确实,它的存在能够为我们所知,我们或许也能知道它的一鳞半爪——但是,基于理性思想,我们不可能知道它的全部。

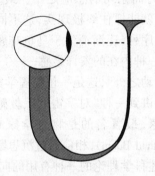

图14 约翰·惠勒的"参与的宇宙"示意图,这个大 U 字代表"宇宙",那只眼睛代表在某阶段出现的观察者,然后回过来看起源。

在我看来,事情似乎是这样:只要我们坚持把"理解"等同于在科学中司空见惯的那种"理性的解释",我们就不可避免地以乌龟难题告终。不是一个无穷倒退,就是一种自我解释的神秘的超级乌龟,或者是一个未得解释的乌龟圈。在宇宙的尽头,总会有神秘难解之事。然而,事情可能是这样:存在其他形式的理解,会满足刨根问底的心灵。我们可能理解宇宙而不必有乌龟难题吗?在理性的科学研究和逻辑推理之外,存在一条道路通向知识——甚至是"终极的知识"吗?许多人声称是有的,此路名曰神秘主义。

神秘的知识

大多数科学家对神秘主义深深地不信任。这不令人惊讶,因为神秘的知识坐落在与理性思维对立的极端上,而理性思维是科学方法的基础。另外,神秘主义易于被混同于神神道道、牛鬼蛇神,以及其他犄角旮旯的信神信鬼。事实上,世界上最好的思想家,包括一些像爱因斯坦、泡利、薛定谔、海森堡、埃丁顿和金斯这样的著名科学家,也赞成神秘主义。我自己的感觉是:科学方法应该尽可能地得到遵循。神秘主义代替不了科学探究和逻辑推理,只要科学的路子能够得到始终一贯的运用。只是在对付终极问题的时候,科学和逻辑或许会辜负我们。我不是说科学和逻辑可能提供错误答案,而是说它们或许无能于处理我们想问的那种"为什么"式的问题(与"如何"式的问题不同)。

【227】　"神秘经验"这种措辞,信教的人常用,那些好冥想的人也常用。这类经验,对那些有过这种经验的人而言,毫无疑问是足够真实的,据说难以言表。神秘主义者常常谈到一种强烈的感觉,与宇宙或者上帝同在、瞥见了现实的整体形象,或者身处一种有力而亲切的感应之中。最重要的是,神秘主义者声称,单在一个经验中,他们就能抓住终极**现实**,这不同于逻辑和科学的研究方法要经过漫长曲折的推导序列(逐渐消失于乌龟难题中)。有时候,神秘的道路所牵扯的,似乎无非是一种内在的安详之感——"一种同情的、快乐的沉静,超然于忙忙碌碌的思虑活动之外",这是一位物理学家同事曾经向我描述的这种经验的方式。爱因斯坦讲到一种"对宇宙的宗教感",这激励他反思自然的秩序与和谐。有些科学家,最著名的是物理学家布莱恩·约瑟夫森(Brian Josephson)和戴维·玻姆(David Bohm),相信通过沉思默想而成就的那种整齐有序的神秘洞见,可以是阐述科学理论的一种有用的向导。

在另外一些情况中,体验似乎更直接、更具有启示作用。罗素·斯坦纳德(Russell Stannard)写到一个印象,说的是拥有某种无法抵抗的力量,"说的是一个令人肃然起敬的自然。……这里有一种急切之感;这种力量有如火山,暗里涌动,随时会喷薄而出。"5 科学作家戴维·皮特(David Peat)描述过"一种异乎寻常的强烈感觉,似乎要席卷我们周围的这个具有意义的整个世界。……我们感觉自己正在接触某种普遍、也兴许是永恒的东西,因此时间中的那个特别的时刻,呈现出一种神圣的性格,并且在时间中绵绵无尽地延伸。我们感觉到我们自己和外在世界之间的全部界线消失了,因为我们正在感受的那种东西坐落在逻辑思维的全部范畴和全部企图所能触及的范围之外。"6

用来描述这种体验的那种语言,通常反映有关个人身处其中的那个文化。西方的神秘主义者趋向于强调关于那个无形而在场的东西的个人品质,常常说他们自己与某种重要的存在(通常是上帝)同在;上帝不同于这些人自己,但他们与上帝之间的一种深刻的纽带是可以感觉到的。在基督教中,在西方的其他宗教中,关于此类宗教体验,当然有一个悠久的历史。东方的神秘主义者强调存在的整体性,趋向于把他们自己更紧密地等同于那种无形而在场之物。

作家肯·威尔伯(Ken Wilber),以别具特色的神秘语言,描述这种东方的神秘体验:

> 在神秘意识中,现实得到了直接而立即的理解,意义不需要任何中间环节,不需要任何符号的苦心构造,不需要化为任何概念,不需要任何抽象过程;在一种无时间、无空间的行事中,主体与客体合二为一,此事超越于全部任何中介操作形式之外。神秘主义者普遍谈论接触到现实的"如此这般性"(suchness)、"单个存在性"(isness)、"那个性"(thatness),不需要任何中间环节;言辞、符号、名称、思想、形象,全都不可企及之。[7]

如此说来,神秘体验的实质,就是一条通达真相的捷径,一种与一个感知到了的终极现实的直接、无间的接触。按照儒迪·儒克尔(Rudy Rucker)的说法:

> 神秘主义的核心教义是这样的:现实是太一。神秘主义的做派,存在于在寻找直接体验这种统一体的方法的过程中。太一有不同的叫法:善、神、宇宙、心灵、空无,或者(也许最中性的叫法是)绝对。科学迷宫没有哪道门直接开向绝对。但是,如果你足够理解这种迷宫路径,倒有可能跳出条条框框,单为自己体验到绝对。……但是,说到底,神秘知识,要么一蹴而就、得其全体,要么丝毫也得不到。不存在什么逐渐的道路……[8]

在第六章中,我描述过几个科学家和数学家如何宣称有过突然的启示性洞见,就类似于这种神秘体验。罗杰·彭罗斯把数学灵感说成一种突然的"闯入"一个柏拉图式的领域。儒克报告说,库尔特·哥德尔(Kurt Gödel)也讲过"与现实的另一关系",凭此他能直接感知数学客体,如无穷大。哥德尔本人显然能成就此事,手段是沉思默想,如关闭其他感官,在一个僻静之所躺下。就其他科学家而言,这种启示性的体验,在日常的嘈杂当中自发地发生。弗雷德·霍伊尔(Fred Hoyle)讲述过一件发生在他身上的事,其时他驾车通过北英格兰。"颇似发生在通向大马士革路上的保罗遇到的那个神启,我得到的启示发生在跨越博维斯摩尔(Bowes Moor)的路上。"1960年代晚期,霍伊尔和他的合作者加彦特·纳里卡(Jayant Narlikar)研究宇宙学的电磁理论,涉及令人畏惧的数学。一天,在他们苦苦思考一个特别复杂的积分期间,霍伊尔决定离开剑桥去度个假,和几位同事一起,到苏格兰高地徒步旅行。

【229】 　　　　走了一程又一程,我心里翻来覆去地……琢磨那个量子力学问题。我脑子里通常模模糊糊地在思考数学问题。通常我必须把东西写在纸上,然后尽我所能地鼓捣那些方程式和积分。但是,在博维斯摩尔的某处,我对那个数学问题的意识清楚了,不是一点半点的清楚,甚至也不是清楚了很多,而是宛如一只明亮的大灯突然亮起来。完全确信那个问题解决了;需要多长时间呢? 不到五秒。它存留的时间,仅仅确保我在它变得模糊之前足以把几个关键步骤稳妥地储存在我的记忆中。它显出相当程度的确定性;我觉得,在随后的几天之后,我不必费事把东西诉诸笔端。十来天之后,我返回剑桥,我发现不带困难地把东西写出来,是可能的。

霍伊尔还报告了他和理查德·费曼关于启示这个话题的谈话:

　　　　几年前,关于灵感时刻是怎么个感觉,关于灵感之后延续两三天的那种狂喜感,我从理查德·费曼那里得到了一个生动的说法。我问费曼,灵感发生得有多么经常,他答道"四次",我们两个人都同意十二天的狂喜,对一生的工作而言,不算是一个很大的奖励。

　　在这里,而不是在第六章里,我讲述霍伊尔的体验,是因为他本人把那说成一种真正的宗教性事件(与仅仅是柏拉图式的事件不同)。霍伊尔相信宇宙的组织受一种"超级智力"的控制;这种"超级智力"引导宇宙在量子过程中进化。这个观念,我在第七章提过。另外,霍伊尔的观念,是一个目的论的神[有些像亚里士多德或者德日进(Teilhard de Chardin)神父的神]引导着世界走向在无限未来中的一个最终状态。霍伊尔相信,借助于在量子能级上起作用,这一超级智力能把未来的现成思想观念移植到人类大脑中。他表明,这是数学灵感和音乐灵感的起源。

无　限

【230】 　　在我们探求终极答案的过程中,不以这种那种方式殚精竭虑到无限,是很难的。无论那是一座无限的乌龟塔,一个由许多平行世界构成的无限状态,一套无限的数学命题,或者一个无限的创世者,物质存在想必不能植根于任何有限的东西之中。西方的几种宗教,把神等同于无限,有悠久的历史;而东方哲学试图消除一与多之间的区别,试图把空无与无限——零与无限性——等同

172

起来。

　　早期的基督教思想家,如普罗提诺(Plotinus),宣称神是无限的,当时他们主要着意于证明神不以任何方式受到限制。关于无穷大的数学概念,在当时仍然是相当模糊的。人们一般相信无穷大是一种界限,是不停地计数可能达到的界限,但是,无穷大实际上是不可能达到的。阿奎那(Aquinas)承认神的无限本质,连他也不准备承认无限大有超过某种潜在的存在(与实际的存在不同)之外的意思。他主张,一位全能的神"不可能创造一种绝对无限的东西。"

　　无限大是怪诞的,是自相矛盾的,这一信念一直滞留到十九世纪。到这一阶段,数学家乔治·康托(Georg Cantor)在研究三角学,终于成功地为真正无限的自洽性提供了一个逻辑严格的证明。康托与其同侪关系恶劣,被某些大名鼎鼎的数学家贬为疯子。其实,他真的遭受精神疾病的痛苦。但是,关于无穷数的那种合乎逻辑的操作规则,尽管常常是怪异的、反直觉的,却最终得到了承认。确实,二十世纪的大部分数学建筑在无穷大(或者无穷小)这个概念之上。

　　运用理性思想,如果无穷大可以被掌握和操作,那么,不必求诸神秘主义,这就为理解事物的终极解释打开了大门吗?非也,不是那样。要看得出为什么,我们必须更细致地看一看无穷大这个概念。

　　康托研究工作的惊人之处有一项,是不仅仅存在一种无穷大,而且存在多【231】种无穷大。比方说,全部整数的集和全部分数的集,都是无穷集。你直觉地感到分数的数目多于整数,但事情并非如此。另一方面,全部小数的集,比全部分数的集更大,或者比全部整数的集更大。你会问:存在"最大的"无穷大吗?喏,把全部无穷集加起来,凑成一个"超级完善的集",怎么样呢?全部可能的集的这一类别,被称为"康托绝对"。有一事掣肘。"康托绝对"本身不是一个集,如果它是的话,那么它将在本质上包含自己。但是,自指性的集就一头闯进了"罗素悖论"中。

　　在这里,我们再次遭遇到了理性思维的哥德尔式的界限——宇宙尽头的那个大谜。借助于理性手段,我们不可能理解"康托绝对",不可能理解任何其他的绝对;因为任何绝对,作为一个"大统一",因而其自身内部就完善,必须把自身包含在自身之中。如儒克关于"心境"(Mindscape)——即所有观念的全部的集这一类别——所发表的评论那样,"如果心境是一个太一,那么它就是它自身的一个元素,因此只能通过神秘的一闪念才可能得到理解。没有什么理性思维是其自身的一个元素,因此没有什么理性思维能够把心境捆绑为一个太一。"[11]

人是什么？

"在这个宇宙中,我不觉得自己像一个局外人。"

——弗里曼·戴森（Freeman Dyson）

【232】　　在前一章的讨论中,坦率地承认没有希望,意味着全部的形而上学推理都是没有价值的吗？ 务实的无神论者满足于把宇宙视为现成的,接着为其各种属性编写目录,我们应该采取这个路子吗？ 毫无疑问,在气质上,许多科学家对立于任何形式的形而上学的论点,更别说神秘的论点了。他们轻蔑于或许存在一个神这么一种看法,甚至不相信一个非人格的创造原则或者存在理由（这种假定将为现实提供一个基础,并且使现实的那些偶然的方面不那么扎眼地武断）。我个人不赞同他们的轻蔑。尽管许多形而上学和有神论理论好像牵强或者孩子气,但这些理论并不比如下信念更荒谬:这个宇宙存在,而且以其形式存在,全无道理可言。建立一种形而上学理论,以降低这个世界的某些武断性,此番尝试似乎起码是值得的。但是,关于世界的一种理性解释（意味着一种关于逻辑真理的封闭而完全的体系）到头来却几乎肯定是不可能的。我们被挡在了终极知识、终极解释之外;挡住我们的,正是首先促使我们寻求这么一种解释的那些推理规则本身。如果我们有心前进得更远,我们就必须接受一个不同的"理解"概念,一个不同于理性解释这一概念的"理解"概念。神秘的道路或许通向这么一种理解。我自己不曾有过神秘体验,但是,对这种体验的价值,我心态开放。或许只有这种体验才提供门路,把我们带出科学和哲学的界限之外,这或许是唯一可能通向"终极"的道路。

　　我在本书中探索的主旨是:通过科学,我们人类起码能够掌握自然的部分秘密,我们打破了宇宙密码的一部分。为什么我们应该办成此事,为什么智人应该带着能提供宇宙钥匙的理性火花,是一个深刻的秘密。我们,宇宙之子——活蹦乱跳的恒星尘埃——竟然能反思这同一个宇宙的本质,甚至能够到达瞥见宇宙运作所依赖的那些规则这一地步！ 我们是怎么变得与宇宙的这个方面发生了联系,是一个大谜。然而,这种联系是不能被否认的。

　　此事有何意味？ 人何德何能,竟然可能是享此特权的一伙儿？ 我不能相信我们在这个宇宙中的存在,仅仅是命运的凑巧,是历史的事故,是宇宙大戏中啪啦的一闪。我们对宇宙的参与,过于亲密而暧昧。智人这一物种或许算不得什么,但在宇宙中的某颗行星上,在某种生物体中,存在心灵,想必是一桩具有基础意义的事实。通过有意识的存在物,宇宙已经产生出了自我意识。这不可能是鸡毛蒜皮的细事,不可能是没有考虑、没有目的的那些力量的细枝末节的副产品。我们在此,实乃某种意图使然。

注　释

第一章　理性与信仰

1. " The Rediscovery of Time " by Ilya Prigogine , in *Science and Complexity* (ed . Sara Nash, Science Reviews Ltd, London, 1985), p. 23.

2. *God and Timelessness* by Nelson Pike (Routledge & Kegan Paul, London, 1970), p. 3.

3. *Trinity and Temporality* by John O'Donnell (Oxford University Press, Oxford, 1983), p. 46.

1. 伊利亚·普里高津:《对时间的重新发现》,载于《科学与复杂性》,萨拉·纳什编,科学评论出版社,伦敦,1985年,第23页。

2. 纳尔逊·派克:《上帝与无时间性》,劳特里治与克干·保罗出版社,伦敦,1970年,第3页。

3. 约翰·奥丹内尔:《三位一体与时间性》,牛津大学出版社,牛津,1983年,第46页。

第二章　宇宙能创造它本身吗?

1. "The History of Science and the Idea of an Oscillating Universe" by Stanley Jaki, in *Cosmology*, *History and Theology* (eds. W. Yourgrau & A. D. Breck, Plenum, New York and London, 1977), p. 239.

2. *Confessions* by Augustine, book 12, ch. 7.

3. *Against Heresies* by Iranaeus, book III, X, 3.

4. "Making Sense of God's Time" by Russell Stannard, *The Times* (London), 22 August 1987.

5. A *Brief History of Time* by Stephen W. Hawking (Bantam, London and New York,

1988), p. 136.

6. Ibid., p. 141.

7. "Creation as a Quantum Process" by Chris Isham, in *Physics*, *Philosophy and Theology*: *A Common Quest for Understanding* (eds. Robert John Russell, William R. Stoeger, and George V. Coyne, Vatican Observatory, Vatican City Stare, 1988), p. 405.

8. "Beyond the Limitations of the Big Bang Theory: Cosmology and Theological Reflection" by Wim Drees, *Bulletin of the Center for Theology and the Natural Sciences* (Berkeley) 8, No. 1 (1988).

1. 斯坦利·杰基:《科学史与一种关于震荡宇宙的观念》,载于《宇宙学,历史与神学》,W. 约格饶、A. D. 布瑞克编,普里纳姆出版社,纽约与伦敦,1977年,第239页。

2. 奥古斯丁:《忏悔录》,第12卷,第7章。

3. 早期基督教神学家:《反异端》,第三卷,第十章,第3页。

4. 罗素·斯坦利:《理解上帝的时间》,载于《泰晤士报》,伦敦,1987年8月22日。

5. 斯蒂芬·霍金:《时间简史》,班特姆出版社,伦敦与纽约,1988年,第136页。

6. 同上,第141页。

7. 克里斯·艾沙姆:《创造作为一种量子过程》,载于《物理学、哲学与神学:对理解的一种普遍求索》,罗伯特·约翰·罗素、威廉·斯多格与乔治·克因,梵蒂冈天文台,"梵蒂冈城凝视"出版,第405页。

8. 魏姆·德瑞斯:《超越大爆炸理论的限制:宇宙学与神学反思》,载于《神学与自然科学中心通讯》,伯克利,第8期,第一号,1988年。

第三章 什么是自然规律?

1. *Theories of Everything*: *The Quest for Ultimate Explanations* by John Barrow (Oxford University Press, Oxford, 1991), p. 6.

2. Ibid., p. 58.

3. "Discourse on metaphysics" by G. W. Leibniz, in *Philosophical Writings* (ed. G. H. R. Parkinson, Dent, London, 1984).

4. *Theories of Everything* by Barrow, p. 295.

5. *The Grand Titration*: *Science and Society in East and West* by Joseph Needham (Alien & Unwin, London, 1969).

6. *Theories of Everything* by Barrow, p. 35.

7. *The Cosmic Code* by Heinz Pagels (Bantam, New York, 1983), p. 156.

8. "Plato's Timaeus and Contemporary Cosmology; A Critical Analysis" by F. Walter Mayerstein, in *Foundations of Big Bang Cosmology* (ed. F. W. Mayerstein, World Scientific, Singapore, 1989), p. 193.

9. Reprinted in Einstein: *A Centenary Volume* (ed. A. P. French, Heinemann, London, 1979), p. 271.

10. "Rationality and Irrationality in Science: From Plato to Chaitin" by F. Walter Mayerstein, University of Barcelona report, 1989.

11. *Cosmic Code* by Pagels, p. 157.

12. "Excess Baggage" by James Hartle, in *Particle Physics and the Universe*: *Essays in Honour of Gell – Mann* (ed. J. Schwarz, Cambridge University Press, Cambridge, 1991), in the press.

13. "Singularities and Time – Asymmetry" by Roger Penrose, in *General Relativity*: *An Einstein Centenary Survey* (eds. S. W. Hawking and W. Israel, Cambridge University Press, Cambridge, 1979), p. 631.

14. "Excess Baggage" by Hartle, in *Particle Physics and the Universe* (in the press).

1. 约翰·巴罗:《万有理论:对终极解释的求索》,牛津大学出版社,牛津,1991年,第6页。

2. 同上,第58页。

3. 莱布尼兹:《论形而上学》,载于《哲学著作》,G. H. R. 帕金森编,敦特出版社,伦敦,1984年。

4. 约翰·巴罗:《万有理论:对终极解释的求索》,牛津大学出版社,牛津,1991年,第295页。

5. 李约瑟:《大滴定:东西方科学与社会》,艾琳与安文出版社,伦敦,1969年。

6. 约翰·巴罗:《万有理论:对终极解释的求索》,牛津大学出版社,牛津,1991年,第35页。

7. 海因兹·裴格士:《宇宙密码》,班特姆出版社,纽约,1983年,第156页。

8. F. 沃尔特·迈耶斯坦:《柏拉图的〈蒂迈欧篇〉与当代宇宙学:一个批判性的分析》,载于《大爆炸宇宙学的基础》,迈耶斯坦编,科学世界出版社,新加坡,1989年,第193页。

9. 再版于《爱因斯坦:百年纪念卷》,A. P. 弗任驰编,海因曼出版社,伦敦,1979年,第271页。

10. F. 沃尔特·迈耶斯坦:《科学中的理性与非理性:从柏拉图到柴汀》,巴塞罗那大学报告,1989 年。

11. 海因兹·裴格士:《宇宙密码》,班特姆出版社,纽约,1983 年,第 157 页。

12. 詹姆斯·哈特尔:《超重行李》,载于《粒子物理与宇宙:盖尔曼纪念文集》,J. 施瓦兹编,剑桥大学出版社,剑桥,1991 年,正在印刷。

13. 罗杰·彭罗斯:《奇点与时间不对称》,载于《广义相对论:爱因斯坦百年回顾》,S. W. 霍金与 W. 以色列编,剑桥大学出版社,剑桥,1979 年,第 613 页。

14. 詹姆斯·哈特尔:《超重行李》,载于《粒子物理与宇宙:盖尔曼纪念文集》,J. 施瓦兹编,剑桥大学出版社,剑桥,1991 年,正在印刷。

第四章 数学与现实

1. *The Mathematical Principles of Natural Philosophy*, A. Motte's translation, revised by Florian Capori (University of California Press, Berkeley and Los Angeles, 1962), vol. 1, p. 6.

2. "Review of Alan Turing: The Enigma," reprinted in *Metamagical Therms* by Douglas Hofstadter (Basic Books, New York, 1985), p. 485.

3. "Quantum Theory, the Church – Turing Principle and the Universal Quanturn Computer" by David Deutsch, *Proceedings of the Royal Society* London A 400(1985), p. 97.

4. "The Unreasonable Effectiveness of Mathematics" by R. W. Hamming, *American Mathematics Monthly* 87 (1980), p. 81.

5. *The Recursive Universe* by William Poundstone (Oxford University Press, Oxford, 1985).

6. "Artificial Life: A Conversation with Chris Lanpton and Doyne Farmer," *Edge* (ed. John Rrockman, New York), September 1990, p. 5.

7. *Recursive Universe* by Poundstone, p. 226.

8. Quoted in *Recursive Universe* by Poundstone.

1. 《自然哲学的数学原理》,A. 莫特译,弗罗瑞安·卡帕瑞修订,加利福尼亚大学出版社,伯克利与洛杉矶,第一卷,第 6 页。

2. 《回顾艾伦·图灵:一个神秘人物》,重印于道格拉斯·霍夫斯塔德特的 Metamagical Themas,基础书出版社,纽约,1985 年,第 485 页。

3. 戴维·多伊迟:《量子理论、丘奇—图灵原理与通用量子计算机》,载于《皇家学会学报》,A400(1985 年),伦敦,第 97 页。

4. R．W．哈明:《数学的不合情理的有效性》,载于《美国数学月刊》第 87 期
   (1980 年),第 81 页。

5. 威廉·庞德斯通:《循环的宇宙》,牛津大学出版社,牛津,1985 年。

6.《人工生命:与克里斯·兰普顿和多因·法默谈话》,载于《刃》,约翰·洛克曼
   编,纽约,1990 年 9 月,第 5 页。

7. 威廉·庞德斯通:《循环的宇宙》,牛津大学出版社,牛津,1985 年,第 226 页。

8. 转引自威廉·庞德斯通:《循环的宇宙》,牛津大学出版社,牛津,1985 年。

第五章 真实世界与虚拟世界

1. "Computer Software in Science and Mathematics" by Stephen Wolfram, *Scientific American* 251 (September 1984), p. 151.

2. "Undecidability and Intractability in Theoretical Physics" by Stephen Wolfram, *Physical Review Letters* 54 (1985), p. 735.

3. "Computer Software" by Wolfram, p. 140.

4. "Physics and Computation" by Tommaso Toftoli, *International Journal of Theoretical Physics* 21 (1982), p. 165.

5. "Simulating Physics with Computers" by Richard Feynman, *International Journal of Theoretical Physics* 21 (1982), p. 469.

6. "The Omega Point as Eschaton: Answers to Pannenberg's Questions for Scientists" by Frank Tipler, *Zygon* 24 (1989), pp. 241 – 42.

7. *The Anthropic Cosmological Principle* by John D. Barrow and Frank J. Tipler (Oxford University Press, Oxford, 1986), p. 155.

8. "On Random and Hard – to – Describe Numbers" by Charles Bennett, IBM report 32272, reprinted in "Mathematical Games" by Martin Gardner, *Scientific American* 241 (November 1979), p. 31.

9. Ibid., pp. 30 – 1.

10. *Theories of Everything*: *The Quest for Ultimate Explanations* by John Barrow (Oxford University Press, Oxford, 1991), p. 11.

11. "Dissipation, Information, Computational Complexity and the Definition of Organization" by Charles Bennett, in *Emerging Syntheses in Science* (ed. D. Pines, Addison – Wesley, Boston, 1987), p. 297.

1. 斯蒂芬·沃尔夫冉姆:《科学与数学中的计算机软件》,载于《科学美国人》第

251 期(1984 年 9 月),第 151 页。

2. 斯蒂芬·沃尔夫冉姆:《理论物理学中的不可决定性与不可处理性》,载于《物理评论通讯》第 54 期(1985 年),第 735 页。

3. 斯蒂芬·沃尔夫冉姆:《科学与数学中的计算机软件》,载于《科学美国人》第 251 期(1984 年 9 月),第 140 页。

4. 汤姆索·塔夫里:《物理学与算法》,载于《国际理论物理学杂志》第 21 期(1982 年),第 165 页。

5. 理查德·费曼:《用计算机刺激物理学》,载于《国际理论物理学杂志》第 21 期(1982 年),第 469 页。

6. 弗兰克·提普勒:《作为世界末日的欧米噶点:答潘南伯格对科学家们提出的问题》,载于《接合崤》第 24 期(1989 年),第 241 – 242 页。

7. 约翰·巴罗与弗兰克·提普勒:《人择的宇宙学原理》,牛津大学出版社,牛津,1986 年,第 155 页。

8. 查尔斯·贝内特:《论随机性与难以描述的数字》,IBM 报告第 32272 号,重印于马丁·加德纳的《数学游戏》,见于《科学美国人》第 241 期(1979 年 11 月),第 31 页。

9. 同上,第 30 – 31 页。

10. 约翰·巴罗:《万有理论:对终极解释的求索》,牛津大学出版社,牛津,1991 年,第 11 页。

11. 查尔斯·贝内特:《耗散、信息、计算复杂性与组织的定义》,载于《科学中正在出现综合》,D. 派恩编,阿狄森 – 韦斯利出版社,波士顿,1987 年,第 297 页。

第六章　数学的秘密

1. "The Unreasonable Effectiveness of Mathematics in the Natural Sciences" by Eugene Wigner, *Communications in Pure and Applied Mathematics* 13 (1960), p. 1.

2. *Mathematics and Science* (ed. Ronald E. Mickens, World Scientific Press, Singapore, 1990).

3. *The Emperor's New Mind*; *Concerning Computers*, *Minds and the Laws of Physics* by Roger Penrose (Oxford University Press, Oxford, 1989), p. 111.

4. Ibid., p. 95.

5. Ibid.

6. Martin Gardner, foreword to ibid., p. vi.

7. Ibid., p. 97.

8. *Infinity and the Mind* by Rudy Rucker (Birkhauser, Boston, 1982), p. 36.

9. *Emperor's New Mind* by Penrose, p. 428.

10. *The Psychology of Invention in the Mathematical Field* by Jacques Hadamard (Princeton University Press, Princeton, 1949), p. 13.

11. Quoted in ibid., p. 12.

12. *Emperor's New Mind* by Penrose, p. 420.

13. Quoted in *Mathematics* by M. Kline (Oxford University Press, Oxford, 1980), p. 338.

14. Quoted in *Superstrings*: *A Theory of Everything*? by P. C. W. Davies and J. R. Brown (Cambridge University Press, Cambridge, 1988), pp. 207 – 8.

15. "Computation and Physics; Wheeler's Meaning Circuit?" by Rolf Landauer, *Foundations of Physics* 16 (1986), p. 551.

16. *Theories of Everything*: *The Quest for Ultimate Explanation* by John Barrow (Oxford University Press, Oxford, 1991), p. 172.

17. *Emperor's New Mind* by Penrose, p. 430.

1. 尤金·魏格纳:《数学在自然科学中不合情理的有效性》,载于《纯粹数学与应用数学中的交流》第 13 期(1960 年),第 1 页。

2.《数学与科学》,罗纳德·麦肯斯编,科学世界出版社,新加坡,1990 年。

3. 罗杰·彭罗斯:《皇帝的新脑:关于计算机、心灵与物理学规律》,牛津大学出版社,牛津,1989 年,第 111 页。

4. 同上,第 95 页。

5. 同上。

6. 马丁·加德纳为《皇帝的新脑》写的前言,第 vi 页。

7. 罗杰·彭罗斯:《皇帝的新脑:关于计算机、心灵与物理学规律》,牛津大学出版社,牛津,1989 年,第 97 页。

8. 卢迪·拉克:《无穷大与心灵》,伯克豪瑟出版社,波士顿,1982 年,第 36 页。

9. 罗杰·彭罗斯:《皇帝的新脑:关于计算机、心灵与物理学规律》,牛津大学出版社,牛津,1989 年,第 428 页。

10. 雅克·哈达玛:《数学领域中的发明心理学》,普林斯顿大学出版社,普林斯顿,1949 年,第 13 页。

11. 转引自雅克·哈达玛:《数学领域中的发明心理学》,第 12 页。

12. 罗杰·彭罗斯:《皇帝的新脑:关于计算机、心灵与物理学规律》,牛津大学出版社,牛津,1989 年,第 420 页。

13. 转引自 M. 克莱恩的《数学》,牛津大学出版社,牛津,1980 年,第 338 页。

14. 转引自 P. C. W. 戴维斯与 J. R. 布劳恩的《超弦:一种万有理论?》,剑桥大学出版社,剑桥,1988 年,第 207 - 208 页。

15. 拉尔夫·兰道:《算法与物理学:惠勒的意义圈?》,《物理学的基础》第 16 期(1986 年),第 551 页。

16. 约翰·巴罗:《万有理论:对终极解释的求索》,牛津大学出版社,牛津,1991年,第 172 页。

17. 罗杰·彭罗斯:《皇帝的新脑:关于计算机、心灵与物理学规律》,牛津大学出版社,牛津,1989 年,第 430 页。

第七章　为什么世界是这个样子?

1. For the full quotation and a discussion of this point see *The World Within the World* by John D. Barrow (Oxford University Press, Oxford, 1990), p. 349.

2. Message of His Holiness Pope John Paul II, in *Physics*, *Philosophy and Theology*; *A Common Quest for Understanding* (eds. Robert John Russell, William R. Stoeger, and George V. Coyne, Vatican Observatory, Vatican City State, 1988), p. Ml.

3. "No Faith in the Grand Theory" by Russell Stannard, *The Times* (London), 13 November 1989.

4. *Theories of Everything*: *The Quest for Ultimate Explanation* by John Barrow (Oxford University Press, Oxford, 1991), p. 210.

5. *Divine and Contingent Order* by Thomas Torrance (Oxford University Press, Oxford, 1981), p. 36.

6. *A Brief History of Time* by Stephen W. Hawking (Bantam, London and New York, 1988), p. 174.

7. "Excess Baggage" by James Hartle, in *Particle Physics and the Universe*: *Essays in Honour of Gell - Mann* (ed. J. Schwarz, Cambridge University Press, Cambridge, 1991), in the press.

8. "Ways of Relating Science and Theology" by Ian Barbour, in *Physics*, *Philosophy and Theology* (eds. Russell et al.), p. 34.

9. *Brief History* by Hawking, p. 174.

10. *Divine and Contingent Order* by Torrance, pp. 21, 26.

11. *Science and Value* by John Leslie (Basil Blackwell, Oxford, 1989), p. 1.

12. *The World Within the World* by Barrow, p. 292.

13. Ibid., p. 349.

14. *Theories of Everything* by Barrow, p. 2.

15. *The Emperor's New Mind*: *Concerning Computers*. *Minds and the Laws of Physics* by Roger Penrose (Oxford University Press, Oxford, 1989), p. 421.

16. *Rational Theology and the Creativity of God* by Keith Ward (Pilgrim Press, New York, 1982). p. 73.

17. Ibid., p. 3.

18. Ibid., pp. 216 – 17.

19. *The Reality of God* by Schubert M. Ogden (SCM Press, London, 1967), p. 17.

20. "On Wheeler's Notion of 'Law Without Law' in Physics" by David Deutsch, in *Between Quantum and Cosmos*: *Studies and Essays in Honor of John Archibald Wheeler* (ed. Alwyn Van der Merwe et al., Princeton University Press, Princeton, 1988), p. 588.

21. *Theories of Everything* by Barrow, p. 203.

22. *Rational Theology* by Ward, p. 25.

23. "Argument from the Fine – Tuning of the Universe" by Richard Swinburne, in *Physical Cosmology and Philosophy* (ed. J. Leslie, Macmillan, London, 1990), p. 172.

1. 关于这个论点的全部引文与一场讨论,见约翰·巴罗的《世界中的世界》,牛津大学出版社,牛津,1990 年,第 349 页。

2. 约翰·保罗二世陛下的说法,见于《物理学、哲学与神学:对理解的一种普遍求索》,罗伯特·约翰·罗素、威廉·斯多格与乔治·克因,梵蒂冈天文台,"梵蒂冈城凝视"出版,第 M1 页。

3. 罗素·斯坦纳:《不相信大统一论》,载于《泰晤士报》,伦敦,1989 年 11 月 13 日。

4. 约翰·巴罗:《万有理论:对终极解释的求索》,牛津大学出版社,牛津,1991 年,第 210 页。

5. 托马斯·托伦斯:《神圣秩序与偶然秩序》,牛津大学出版社,牛津,1981 年,第 36 页。

6. 斯蒂芬·霍金:《时间简史》,班特姆出版社,伦敦与纽约,1988 年,第 174 页。

7. 詹姆斯·哈特尔:《超重行李》,载于《粒子物理与宇宙:盖尔曼纪念文集》,J.

施瓦兹编,剑桥大学出版社,剑桥,1991 年,正在印刷。

8．伊安·巴伯:《把科学与神学联系起来的方法》,载于《物理学、哲学与神学》,罗素等编,第 34 页。

9．斯蒂芬·霍金:《时间简史》,班特姆出版社,伦敦与纽约,1988 年,第 174 页。

10．托马斯·托伦斯:《神圣秩序与偶然秩序》,牛津大学出版社,牛津,1981 年,第 21、26 页。

11．约翰·莱斯利:《科学与价值》,巴兹尔·布莱克维尔出版社,牛津,1989 年,第 1 页。

12．约翰·巴罗的《世界中的世界》,牛津大学出版社,牛津,1990 年,第 292 页。

13．同上,第 349 页。

14．约翰·巴罗:《万有理论:对终极解释的求索》,牛津大学出版社,牛津,1991 年,第 2 页。

15．罗杰·彭罗斯:《皇帝的新脑:关于计算机、心灵与物理学规律》,牛津大学出版社,牛津,1989 年,第 421 页。

16．基思·沃德:《理性神学与神的创造力》,朝圣者出版社,纽约,1982 年,第 73 页。

17．同上,第 3 页。

18．同上,第 216 – 217 页。

19．舒伯特·奥格登:《上帝的现实》,SCM 出版社,伦敦,1967 年,第 17 页。

20．戴维·多伊迟:《论惠勒的关于物理学中的无规律的规律观念》,载于《在量子与宇宙之间:约翰·阿奇博尔德·惠勒纪念研究报告与论文集》,艾尔文·德·默维等编,普林斯顿大学出版社,普林斯顿,1988 年,第 588 页。

21．约翰·巴罗:《万有理论:对终极解释的求索》,牛津大学出版社,牛津,1991 年,第 203 页。

22．基思·沃德:《理性神学与神的创造力》,朝圣者出版社,纽约,1982 年,第 25 页。

23．理查德·施温伯格:《关于宇宙的精细调试的一个论点》,载于《物理宇宙学与哲学》,J．莱斯利编,麦克米兰出版社,伦敦,1990 年,第 172 页。

第八章　设计师的宇宙

1．*The First Three Minutes* by Steven Weinberg（Andre Deutsch, London, 1977）, p. 149.

2．*Chance and Necessity* by Jacques Monod, trans. A. Wainhouse（Collins, London,

1972), p. 167.

3. *The Fitness of the Environment* by L. J. Henderson (reprinted by Peter Smith, Gloucester, Mass., 1970), p. 312.

4. Quoted in *Religion and the Scientists* (ed. Mervyn Stockwood, SCM, London, 1959), p. 82.

5. *The Integument Universe* by Fred Hoyle (Michael Joseph, London, 1983), p. 218.

6. *Cosmic Coincidences* by John Gribbin and Martin Rees (Bantam Books, New York and London. 1989), p. 269.

7. *Summa Theologiae* by Thomas Aquinas, pt. 1, ques. II, art. 3.

8. *Philosophiae Naturalis Pnncipia Mathematica* by Isaac Newton (1687), bk. Ill, General Scholium.

9. "A Disquisition About the Final Causes of Natural Things," in *Works* by Robert Boyle (London, 1744), vol. 4, p. 522.

10. *Universes* by John Leslie (Routledge, London and New York, 1989), p. 160.

11. *The Mysterious Universe* by James Jeans (Cambridge University Press, Cambridge, 1931), p. 137.

12. "The Faith of a Physicist" by John Polkinghome, *Physics Education* 22 (1987), p. 12.

13. *Value and Existence* by John Leslie (Basil Blackwell, Oxford, 1979), p. 24.

14. "Cosmological Fecundity: Theories of Multiple Universes" by George Gale, in *Physical Cosmology and Philosophy* (ed. j. Leslie, Macmillan, London, 1990), p. 189.

1. 斯蒂芬·温伯格:《最早的三分钟》,安德烈·多伊迟出版社,伦敦,1977 年,第 149 页。

2. 雅克·莫诺:《机会与必然性》,韦恩豪斯译,科林斯出版社,伦敦,1972 年,第 167 页。

3. L. J. 亨德森:《环境适度》,彼得·史密斯重印,格罗斯特出版社,马萨诸塞,1970 年,第 312 页。

4. 转引自《宗教与科学家们》,默文·斯多克伍德编,SCM 出版社,伦敦,1959 年,第 82 页。

5. 弗雷德·霍伊尔:《壳宇宙》,迈克尔·约瑟夫出版社,伦敦,第 218 页。

6. 约翰·格里宾与马丁·芮斯:《宇宙巧合》,班特姆出版社,纽约与伦敦,1989

年,第 269 页。

7. 托马斯·阿奎那:《神学大全》,第一部,第二问,第三篇。

8. 艾萨克·牛顿:《自然哲学的数学原理》(1687 年),第三书,总批注。

9. 《论自然物的终极原因》,见罗伯特·波义耳的《著作》,伦敦,1744 年,卷 4,第 522 页。

10. 约翰·莱斯利:《多宇宙》,劳特里治出版社,伦敦与纽约,1989 年,第 160页。

11. 詹姆斯·金斯:《神秘的宇宙》,剑桥大学出版社,剑桥,1931 年,第 137 页。

12. 约翰·鲍金霍恩:《一个物理学家的信念》,载《物理学教育》第 22 期(1987年),第 12 页。

13. 约翰·莱斯利:《价值与存在》,巴兹尔·布莱克维尔出版社,牛津,1979 年,第 24 页。

14. 乔治·盖勒:《宇宙的生殖力:多宇宙理论》,载于《物理宇宙学与哲学》,J.莱斯利编,麦克米兰出版社,伦敦,1990 年,第 189 页。

第九章　宇宙尽头的秘密

1. "Information, Physics, Quantum: The Search for Links" by John Wheeler, in *Complexity*, *Entropy and the Physics of Information* (ed. Wojciech H. Zurek, Addison – Wesley, Redwood City, California, 1990), p. 8. See also n. 21 to ch. 7.

2. *Vicious Circles and Infinity*: *An Anthology of Paradoxes* by Patrick Hughes and George Brecht (Doubleday, New York, 1975), Plate 15.

3. "Information" by Wheeler, p. 8.

4. Ibid., p. 9.

5. *Grounds for Reasonable Belief* by Russell Stannard (Scottish Academic Press, Edinburgh, 1989), p. 169.

6. *The Philosopher's Stone*: *The Sciences of Synchronicity and Creativity* by F. David Peat (Bantam Doubleday, New York, 1991), in the press.

7. *Quantum Questions* (ed. Ken Wilber, New Science Library, Shambhala, Boulder, and London, 1984), p. 7.

8. *Infinity and the Mind* by Rudy Rucker (Birkhauser, Boston, 1982), pp. 47, 170.

9. "The Universe: Past and Present Reflections" by Fred Hoyle, University of Cardiff

report 70（1981），p. 43.

10．Ibid.，p. 42.

11．*Infinity* by Rucker，p. 48.

1．约翰·惠勒：《信息、物理学、量子：寻找联系》，载于《复杂性、熵与信息物理学》，沃耶西克·祖热克编，阿狄森—韦斯利出版社，瑞德伍德市，加利福尼亚，1990 年，第 8 页。或见第七章注 21。

2．帕特里克·休斯与乔治·布莱希特：《恶性循环与无限：悖论汇集》，双日出版社，纽约，1975 年，图版 15。

3．约翰·惠勒：《信息、物理学、量子：寻找联系》，第 8 页。

4．同上，第 9 页。

5．罗素·斯坦纳：《理性信念的基础》，苏格兰学术出版社，爱丁堡，1989 年，第 169 页。

6．F. 戴维·皮特：《点金石：同时性与创造性的科学》，班特姆双日出版社，纽约，1991 年，印刷中。

7．《量子问题》，肯·威尔伯编，新科学藏书出版社，山巴哈拉、宝尔德与伦敦，1984 年，第 7 页。

8．卢迪·拉克：《无穷大与心灵》，伯克豪瑟出版社，波士顿，1982 年，第 47、170 页。

9．弗雷德·霍伊尔：《宇宙：过去和现在的反思》，加地夫大学报告，第 70 号（1981 年），第 43 页。

10．同上，第 42 页。

11．卢迪·拉克：《无穷大与心灵》，伯克豪瑟出版社，波士顿，1982 年，第 48 页。

精选书目

Barbour, Ian G. *Religion in an Age of Science* (SCM Press, London, 1990).

Barrow, John. *The World Within the World* (Clarendon Press, Oxford, 1988).

Barrow, John. *Theories of Everything*: *The Quest for Ultimate Explanation* (Oxford University Press, Oxford, 1991).

Barrow, John D., and Tipler, Frank J. *The Anthropic Cosmological Principle* (Clarendon Press, Oxford, 1986).

Birch, Charles. *On Purpose* (New South Wales University Press, Kensington, 1990).

Bohm, David. *Wholeness and the Implicate Order* (Routledge & Kegan Paul, London, 1980).

Coveney, Peter, and Highfield, Roger. *The Arrow of Time* (W. H. Alien, London, 1990).

Craig, William Lane. *The Cosmological Argument from Plato* to Leibniz (Macmillan, London, 1980).

Drees, Wim B. *Beyond the Big Bang*: *Quantum Cosmologies and God* (Open Court, La Salle, Illinois, 1990).

Dyson, Freeman. *Disturbing the Universe* (Harper & Row, New York, 1979).

Ferris, Timothy. *Coming of Age in the Milky Way* (Morrow, New York, 1988).

French, A. P., ed. *Einstein*: *A Centenary Volume* (Heinemann, London, 1979).

Gleick, James. Chaos, *Mailing a New Science* (Viking, New York, 1987).

Harrison, Edward R. *Cosmology* (Cambridge University Press, Cambridge, 1981).

Hawking, Stephen W. *A Brief History of Time* (Bantam, London and New York, 1988).

Langton, Christopher G., ed. *Artificial Life* (Addison – Wesley, Reading, Mass.,

1989).

Leslie, John. *Value and Existence* (Basil Blackwell, Oxford, 1979).

Leslie, John. *Universes* (Routledge, London and New York, 1989).

Leslie, John, ed. *Physical Cosmology and Philosophy* (Macmillan, London, 1990).

Lovell, Bernard. *Man's Relation to the Universe* (Freeman, New York, 1975).

MacKay, Donald M. *The Clockwork Image* (Inter – Varsity Press, London, 1974).

McPherson, Thomas. *The Argument from Design* (Macmillan, London, 1972).

Mickens, Ronald E., ed. *Mathematics and Science* (World Scientific Press, Singapore, 1990).

Monod, Jacques. *Chance and Necessity*, trans. A. Wainhouse (Collins, London, 1972).

Morris, Richard. *Time's Arrows* (Simon and Schuster, New York, 1984).

Morris, Richard, *The Edges of Science* (Prentice – Hall Press, New York, 1990).

Pagels, Heinz. *The Dreams of Reason* (Simon and Schuster, New York, 1988).

Pais, Abraham. *Subtle Is the Lord: The Science and the Life of Albert Einstein* (Clarendon Press, Oxford, 1982).

Peacocke, A. R., ed. *The Sciences and Theology in the Twentieth Century* (Oriel, Stocksfield, England, 1981).

Penrose, Roger. *The Emperor's New Mind: Concerning Computers, Minds and the Laws of Physics* (Oxford University Press, Oxford, 1989).

Pike, Nelson. *God and Timelessness* (Routledge & Kegan Paul, London, 1970).

Poundstone, William. *The Recursive Universe* (Oxford University Press, Oxford, 1985).

Prigogine, Ilya, and Stengers, Isabelle. *Order Out of Chaos* (Heinemann, London 1984).

Rowe, William. *The Cosmological Argument* (Princeton University Press, Princeton, 1975).

Rucker, Rudy. *Infinity and the Mind* (Birkhauser, Boston, 1982).

Russell, Robert John; Stoeger, William R.; and Coyne, George V., eds. *Physics, Philosophy and Theology: A Common Quest for Understanding* (Vatican Observatory, Vatican City State, 1988).

Silesius, Angelus. *The Book of Angelus Silesius*, trans. Frederick Franck (Vintage Books, New York, 1976).

Silk, Joseph. *The Big Bang* (Freeman, New York, 1980).

Stannard, Russell. *Grounds for Reasonable Belief* (Scottish Academic Press, Edinburgh, 1989).

Swinburne, Richard. *The Coherence of Theism* (Clarendon Press, Oxford, 1977).

Torrance, Thomas. *Divine and Contingent Order* (Oxford University Press, Oxford, 1981).

Trusted, Jennifer. *Physics and Metaphysics*: *Facts and Faith* (Routledge, London, 1991).

Ward, Keith. *Rational Theology and the Creativity of God* (Pilgrim Press, New York, 1982).

Ward, Keith. *The Turn of the Tide* (BBC Publications, London, 1986).

Weinberg, Steven. *The First Three Minutes* (Andre Deutsch, London, 1977).

Wilber, Ken, ed. *Quantum Questions* (New Science Library, Shambhala, Boulder, and London, 1984).

Zurek, Wojciech H., ed. *Complexity*, *Entropy and the Physics of Information* (Addison – Wesley, Redwood City, California, 1990).

索 引

(词条后的数字,是原书页码,即本书页边码)

B

图书在版编目(CIP)数据

神的心灵：理性世界的科学基础/(美)保罗·戴维斯
著；王祖哲译.—济南：山东人民出版社，2012.1
ISBN 978-7-209-05770-7

Ⅰ.①神… Ⅱ.①保… ②王… Ⅲ.①科学哲学
Ⅳ.①N02

中国版本图书馆 CIP 数据核字(2011)第097887号

The Mind of God
The Scientific Basis for a Rational World
Paul Davies
Copyright © 1992 by Orion Productions
山东省版权局著作权合同登记号 图字：15—2010—022

丛书策划：袁 晖 崔 萌
责任编辑：崔 萌
装帧设计：武 斌

神的心灵——理性世界的科学基础
(美)保罗·戴维斯 著 王祖哲 译
_____

山东出版集团
山东人民出版社出版发行

社 址：济南市经九路胜利大街39号 邮 编：250001
网 址：http://www.sd-book.com.cn
发行部：(0531)82098027 82098028

新华书店经销
山东新华印刷厂印装

规 格 16 开(160mm×230mm)
印 张 14.5
字 数 220千字 插 页2
版 次 2012 年1月第 1 版
印 次 2012 年1月第 1 次
ISBN 978-7-209-05770-7
定 价 32.00 元
_____

如有质量问题，请与印刷厂调换。电话：(0531)82079112

Science and Faith
科学与信仰译丛

第一辑

第二辑

● 设若我们果真发现了一种完整的理论，在大原则上它终究应该能被每个人所理解，而不仅仅被几个科学家所理解。到那时候，我们大家，哲学家、科学家以及普通人，都能参与讨论为什么我们存在、为什么宇宙存在。如果我们发现了这个问题的答案，它将是人类理性的终极胜利——因为那时我们就真正知道神的心灵。

斯蒂芬·霍金

ISBN 978-7-209-05770-7

丛书策划　袁晖　崔萌
责任编辑　崔萌
装帧设计　武斌

9 787209 057707 >

定价：32.00元